Heidelberger Taschenbücher Band 178
Basistext Medizin

Medizinische Mikrobiologie I

Ein Unterrichtstext für Studenten der Medizin
Herausgegeben von P. Klein

Virologie

Bearbeitet von D. Falke

Zweite, verbesserte Auflage

Mit 23 Abbildungen und 19 Tabellen

Springer-Verlag
Berlin Heidelberg New York 1977

Prof. Dr. med. Paul Klein
Prof. Dr. med. Dietrich Falke
Institut für Medizinische Mikrobiologie der Universität Mainz

ISBN-13: 978-3-540-08325-2 e-ISBN-13: 978-3-642-66699-5
DOI: 10.1007/978-3-642-66699-5

Library of Congress Cataloging in Publication Data. Falke, Dietrich, 1927–. Virologie. (Medizinische Mikrobiologie; 1) (Heidelberger Taschenbücher; Bd. 178: Basistext Medizin). Bibliography: p. Includes index. 1. Virology. I. Title. II. Series. [DNLM: 1. Viruses. 2. Virus diseases. QW4 M494 Bd. 1]. QR46.M49. 1977. vol. 1 [QR360]. 77-22963

Das Werk ist urheberrechtlich geschützt. Die dadurch begründeten Rechte, insbesondere die der Übersetzung, des Nachdruckes, der Entnahme von Abbildungen, der Funksendung, der Wiedergabe auf photomechanischem oder ähnlichem Wege und der Speicherung in Datenverarbeitungsanlagen bleiben, auch bei nur auszugsweiser Verwertung, vorbehalten. Bei Vervielfältigungen für gewerbliche Zwecke ist gemäß § 54 UrhG eine Vergütung an den Verlag zu zahlen, deren Höhe mit dem Verlag zu vereinbaren ist.

© by Springer-Verlag Berlin Heidelberg 1976, 1977

Die Wiedergabe von Gebrauchsnamen, Handelsnamen, Warenbezeichnungen usw. in diesem Werk berechtigt auch ohne besondere Kennzeichnung nicht zu der Annahme, daß solche Namen im Sinne der Warenzeichen- und Markenschutz-Gesetzgebung als frei zu betrachten wären und daher von jedermann benutzt werden dürften.

Herstellung: Oscar Brandstetter Druckerei KG, Wiesbaden   2124/3140-543210

Vorwort zur zweiten Auflage

Bereits nach kurzer Zeit ist eine 2. Auflage der „VIROLOGIE" erforderlich geworden. Sie wurde mit einigen Korrekturen versehen und inhaltlich auf den neuesten Stand gebracht. Einige Strichzeichnungen wurden eingefügt und die Anzahl der tabellarischen Zusammenstellungen von Krankheits-Symptomen erhöht. Kürzungen erwiesen sich an einigen Stellen möglich. Im übrigen wurden einige, für die Diagnose der Viruskrankheiten wichtige Hinweise herausgestellt. Insgesamt mag sich dadurch die Brauchbarkeit der „VIROLOGIE" für den Studenten und auch den Kliniker und den Arzt erhöht haben.
Wir danken besonders Herrn Prof. Dr. R. Wigand und Herrn Prof. Dr. K.E. Schneweis für kritische Hinweise.

Mainz, April 1977   Herausgeber und Verfasser

Vorwort zur ersten Auflage

Der hier vorgelegte Text bezieht sich auf die virologische Ausbildung des Medizinstudenten im ersten klinischen Studienabschnitt; er nimmt auf die Tatsache Rücksicht, daß dem Studenten in dieser Ausbildungsperiode Vorkenntnisse in der klinischen Symptomatologie und Pathologie der Infektionskrankheiten noch fehlen. Zwei Gesichtspunkte sind bei der Abfassung maßgebend gewesen: Einmal mußte den Anforderungen des Lernzielkatalogs im Rahmen der neuen Approbationsordnung Genüge getan werden. Zum anderen fühlten wir uns verpflichtet, das begriffliche „Umfeld" des examenswichtigen Fragenmaterials in die Darstellung miteinzubeziehen; dies erscheint notwendig, um dem Prinzip „kapieren statt memorieren" einigermaßen gerecht zu werden. Dementsprechend findet der Student nicht nur das Material für die Beantwortung aller, aus dem Lernzielkatalog ableitbarer Examensfragen, sondern auch Bezugnahmen auf klinische und biologische Kapitel aus anderen Studienabschnitten. Anhaltspunkte für die Unterscheidung zwischen dem unerläßlichen Basiswissen und dem als Assimilationshilfe angebotenen Lesestoff ergeben sich aus der typographischen Aufmachung des Textes: Die Ausführungen zu Kernpunkten sind durch Randbalken besonders herausgehoben. Das zu diesen Textabschnitten gehörige Erläuterungsmaterial ist im Normaldruck wiedergegeben, während Zusatzinformationen, die der punktuellen Vertiefung dienen sollen oder technische Einzelheiten bringen, im Kleindruck stehen. Es soll klar zum Ausdruck gebracht werden, daß sich die hieraus resultierende Prioritätsabstufung ausschließlich auf die Arbeitseinteilung beim Studium selbst bezieht und nicht auf den Gesichtspunkt der Examenswichtigkeit im Sinne des amtlichen Lernzielkatalogs. Schematische Darstellungen spiegeln nicht die natürlichen Größenverhältnisse wider. – Herrn Prof. Dr. M. Mussgay und Herrn Prof. Dr. R. Wigand gebührt unser Dank für die Durchsicht der Manuskripte.

Herausgeber und Verfasser

Inhaltsverzeichnis

I. Allgemeine Virologie 1
   A. Der Virusbegriff – Struktur und Systematik 1
   B. Die Nucleinsäure als Informationsträger –
      Der Vermehrungscyclus 11
   C. Pathogenität – Infektionsverlauf – Interferenz 19
   D. Die onkogene Wirkung von Viren 30
   E. Laboratoriumsmethoden der Virologie 46

II. Spezielle Virologie 58

   A. Picorna-Viren 58
   B. Arbo-Viren 68
   C. Reo-Viren und Rota-Viren 70
   D. Myxoviren 71
   E. Das Röteln-Virus 86
   F. Das Virus der Tollwut 89
   G. Arena-Viren 96
   H. Adeno-Viren 98
   I. Die Herpes-Gruppe 100
   J. Pocken 111
   K. Virushepatitis 125
   L. Viren mit geringer klinischer Bedeutung und
      Krankheiten mit unklarer Ätiologie 134

Anhang. Übersichtstabellen 137

Lehrbücher und Monographien 145

Sachverzeichnis 146

I. Allgemeine Virologie

A. Der Virusbegriff – Struktur und Systematik

Der Virusbegriff kann durch sechs Merkmale umschrieben werden. Diese betreffen die Größe, die Struktur, den Nucleinsäuretyp sowie die Bedingungen und den Modus der Vermehrung.

Was sind Viren? Sechs Charakteristika

1. Viren sind *filtrierbare Partikel*; ihre Größe liegt zwischen 20 bis 300 nm. Der Ausdruck „filtrierbar" bedeutet, daß Viren bakteriendichte Filter passieren können. Diese Fähigkeit wurde früher durch den Ausdruck „ultrafiltrierbares Agens" angedeutet. .
2. Viren sind sehr *einfach aufgebaut*. Sie enthalten Nucleinsäure, Proteine und Lipoide, aber kein einziges der komplexen Strukturelemente, welche für den Aufbau der Zelle typisch sind, wie Kern, Mitochondrien, Ribosomen, u.ä.
3. Viren enthalten je nach ihrer Art *entweder* DNA *oder* RNA, niemals aber beide Nucleinsäuretypen.
4. Viren sind *obligate Zellparasiten:* Sie können sich außerhalb der lebenden Zelle nicht vermehren.
5. Die *Vermehrung* der Viren erfolgt ausschließlich *durch anabolische Leistungen der Wirtszelle*; dabei liefert das eingedrungene Viruspartikel der Zelle nur Aufbauinstruktionen bzw. Syntheseprogramme. Die Virusvermehrung erfolgt nicht etwa dadurch, daß sich das eingedrungene Partikel teilt. Charakteristisch für die Virusreproduktion ist vielmehr die Tatsache, daß in einer ersten Phase die Gesamtmenge aller benötigten Virusbausteine vorgefertigt und kumuliert wird; der Zusammenbau erfolgt dann in einer später ablaufenden „Montagephase" (Synchronisierung der Syntheseschritte).
6. Die starke Abhängigkeit der Virussynthese vom Biochemismus der Zelle erklärt, daß bisher klinisch anwendbare *Chemotherapeutica nur vereinzelt* entwickelt werden konnten. Der Grund dafür ist, daß diese Substanzen „selektiv" die virusspezifischen Prozesse blockieren müssen, ohne den Zellbiochemismus zu schädigen.

Unterschiede zwischen Bakterien und Viren

Der Virusbegriff kann verdeutlicht werden, wenn man ihn dem Bakterienbegriff gegenüberstellt. Hier können die wesentlichen Daten in fünf Punkten zusammengefaßt werden:
1. *Bakterien* sind Zellen mit eigenem Stoffwechsel. Sie verfügen über eine eigene Enzymausstattung und – von ihren Wuchsstoffbedürfnissen abgesehen – über einen vollständigen Synthese- und Reproduktionsapparat. Zu ihrer Vermehrung brauchen sie nur die Zulieferung von Rohstoffen.
Viren besitzen dagegen nur die Instruktion für ihren eigenen Aufbau in Form einer Nucleinsäure. Die Vermehrungsleistung wird von der Wirtszelle übernommen.

Das Partikel enthält bei manchen Viren einzelne Enzyme (z.B. Neuraminidase, Reverse Transcriptase). – Die Information für den Aufbau des Viruspartikels enthält außer den Syntheseprogrammen für die Partikelbestandteile auch Instruktionen für den Aufbau von gewissen, in der Zelle nicht verfügbaren Enzymen; diese sind für gewisse Schritte der Virussynthese essentiell (Polymerasen, Replikasen).

2. *Bakterien* wachsen in der Regel auf toten, d. h. auf zell- und enzymfreien Nährböden. Sie vermehren sich durch Teilung. Die einzelnen Teilungsvorgänge laufen zeitlich unkoordiniert ab[1].

Viren sind obligate Zellparasiten; um sich zu vermehren, müssen sie den Stoffwechselapparat von lebenden Zellen in Anspruch nehmen. Die Vermehrung erfolgt durch den zeitlich koordinierten, synchronen Zusammenbau von vorgefertigten Untereinheiten („Synthese im Gleichschritt").
3. *Bakterien* sind im allgemeinen größer als Viren. Ihre Größe liegt zwischen 0,3 und 3μm.
Die Größe der *Viren* liegt zwischen 20 nm (Virus der Maul- und Klauenseuche) und 300 nm (Pocken-Virus).
Es existiert somit im Hinblick auf die Größe kein fundamentaler Gegensatz zwischen Bakterien und Viren, sondern ein fließender Übergang: Die größten Viren können, ebenso wie die kleinsten Bakterien, mit dem Lichtmikroskop gerade noch wahrgenommen werden.
4. Die Nucleinsäure der *Viren* kann in besonderen Fällen in das Genom der Wirtszelle integriert werden. Die Individualität des infizierenden Viruspartikels geht dabei verloren: Wirt und Parasit verschmelzen zu einer höheren Einheit.
Bei *Bakterien* kommt es niemals zu einer Aufhebung des Dualismus Wirt – Parasit.

---

[1] Die künstliche Synchronisation von Bakterienkulturen wird hierbei außer acht gelassen.

5. *Bakterien* enthalten stets DNA *und* RNA.
   Viren enthalten durchweg *entweder* DNA *oder* RNA, niemals aber beide Nucleinsäuren.

Nach diesen Feststellungen erscheint es nicht angängig, die Viren insgesamt als „Mikroorganismen" zu bezeichnen.

Als Virus bezeichnet man einen außerhalb der Zelle existenzfähigen und inhaltlich konstanten Komplex von biologischen Elementarinformationen mit charakteristischer Partikelstruktur; Viren haben das Vermögen, in lebende Zellen einzudringen und deren Stoffwechselapparat zur eigenen Reduplikation zu verwenden. | Versuch einer Definition

Die Existenzform außerhalb der Zelle entspricht dem statischen Zustand des Virus; innerhalb der Zelle gerät das Virus durch den Beginn des Vermehrungscyclus in den dynamischen Zustand.

Die als Bedsonien oder Chlamydien bezeichneten Erreger der Ornithose, des Trachoms und des Lymphogranuloma inguinale sind zwar obligate Zellparasiten, aber trotzdem keine Viren. Sie enthalten sowohl DNA als auch RNA und verfügen über einen eigenen Stoffwechselapparat. Man ordnet sie den Bakterien zu. Das gleiche gilt für die Rickettsien. | Bedsonien und Rickettsien sind keine Viren

Von den drei wichtigsten Bauelementen des Viruspartikels sind zwei stets vorhanden; ein drittes ist nur gelegentlich zu finden. Die Bestandteile sind:
1. Die *Nucleinsäure* (DNA oder RNA) als Träger der genetischen Information. Sie wirkt *nicht* als Antigen.
2. Das *Capsid* als „Schutzmantel" der Nucleinsäure. Es besteht aus Protein und wirkt als *Antigen*.
3. Die *Hülle*. Sie kommt nur bei einigen Virusarten vor und umgibt als „envelope"[2] das Capsid von außen. Das Hüllmaterial besteht in der Regel aus Proteinen, Glykoproteinen und Lipiden; es wirkt als *Antigen*. | **Bestandteile des Viruspartikels:** Nucleinsäure, Capsid und Hülle

In der Natur kommen typische Virusnucleinsäuren in freier Form nicht vor; die weitverbreiteten Enzyme RNase bzw. DNase würden sie sofort zerstören. Die Existenz von capsid- und hüllenlosen „Viroiden" ist jetzt endgültig gesichert. Gewisse Erkrankungen im Tier- und Pflanzenbereich werden durch ein infektiöses Partikel hervorgerufen, welches als reine RNA in einer atypischen, nicht abbaufähigen Ringform mit extrem geringem Informationsgehalt auftritt. Hierzu gehören die „slow virus diseases" einiger Tiere und die Exocortis-Krankheit der Citrusbäume. | Viroide

---

[2] Envelope: englisch-französischer Ausdruck für Briefumschlag.

Komplette und inkomplette Partikel: Das Virion als Elementareinheit der infektiösen Aktivität

Der Biologe betrachtet ein vollständig (komplett) aufgebautes, „reifes" Partikel als elementare Funktionseinheit des infektiösen Virus und bezeichnet es als *Virion*. Inkomplette („unreife") Partikel sind als Vorstufen des ausgereiften Virions oder als Überschußmaterial in bestimmten Phasen der Virussynthese intracellulär und extracellulär nachweisbar; außerhalb der Zelle entstehen sie durch künstliche Fragmentierung von kompletten Partikeln, z. B. nach Behandlung mit Enzymen, Äther usw. (s. S. 74). Im Gegensatz zu den infektionstüchtigen, kompletten Partikeln sind die inkompletten Partikel unfähig, als Träger der infektiösen Potenz selbständig und effizient in Erscheinung zu treten: Nur reife Partikel (Viria) besitzen eine maximale, gleichmäßig und trefferanalytisch charakterisierbare Infektiosität. Im Prinzip genügt ein komplettes Virion zur Infektion einer Zelle (Eintreffer-Effekt). Die bei der intracellulären Partikelsynthese und bei der künstlichen Fragmentierung anfallenden unreifen Partikel können nur elektronenoptisch und serologisch, nicht aber durch den Infektionsversuch nachgewiesen werden.

Einfache Grundformen des Partikelaufbaues

Im Hinblick auf die Partikelstruktur unterscheidet man einfach-symmetrisch und komplex-symmetrisch aufgebaute Teilchen. Der Aufbau der einfach-symmetrischen Viria läßt sich verstehen, wenn man vier Partikelprototypen als Modell betrachtet:
1. Das Partikel des **Tabak-Mosaik-Virus** (TMV). Es ist stäbchen- bzw. fadenförmig (15 × 300nm) und besteht aus einer einsträngigen RNA und dem zylindrischen Capsid. Die RNA verläuft innerhalb des Capsidzylinders. Die in das Capsid eingebettete RNA wird zusammen mit dem Capsid als *Nucleocapsid* bezeichnet.
2. Das Partikel des **Influenza-Virus** (Grippe-Virus). Es ist kugelig (80 nm Durchmesser) und besteht im inneren Teil aus einem aufgeknäuelten, stäbchen- bzw. fadenförmigen Nucleocapsid.

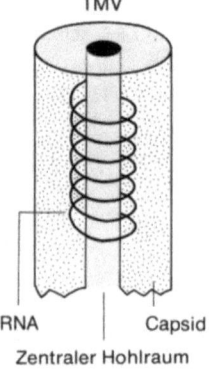

TMV

RNA | Capsid
Zentraler Hohlraum

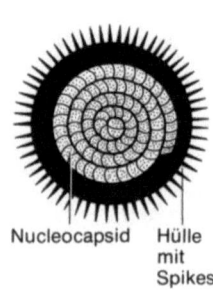

Nucleocapsid   Hülle mit Spikes

Influenza-Partikel

Das Nucleocapsid-Knäuel ist seinerseits von einer Hülle ("envelope") umgeben.
3. Das Partikel des **Adeno-Virus**. Es ist kugelig (80 nm Durchmesser) und besteht aus einem kugeligen DNA-„Kern" (Innenkörper, "core"), der in toto vom Capsid umgeben ist. Zum Unterschied vom Influenza-Virus ist beim Adeno-Virus lediglich die DNA verknäuelt. Das Capsid ist in die Verknäuelung nicht einbezogen; es umschließt das DNA-Convolut wie eine Schale. Aus dem Capsid ragen 12 feine Stäbe antennenartig heraus. Die Capsomeren sind derart angeordnet, daß die Capsidoberfläche aus 20 Dreiecken zusammengesetzt erscheint (Ikosaeder).
4. Das Partikel des **Herpes-Virus**. Es ist kugelig (150 nm Durchmesser) und besteht aus einem „Kern" von verknäuelter DNA; das DNA-Knäuel wird vom schalenförmigen Capsid in der gleichen Art umschlossen, wie beim Adeno-Virus-Partikel. Zum Unterschied vom Adeno-Virus-Partikel ist aber das schalenförmige Capsid des Herpes-Partikel außen noch von einer Hülle ("envelope") umgeben. Die DNA des Herpes-Virus ist somit von zwei konzentrisch übereinander liegenden „Schutzschichten" umgeben. Auch das Herpes-Capsid ist ein Ikosaeder.

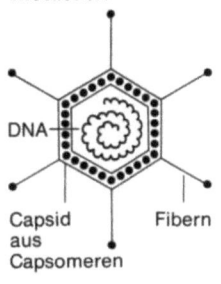

Capsid aus Capsomeren   Fibern

Adeno-Partikel

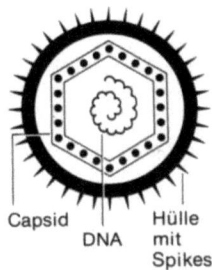

Capsid   DNA   Hülle mit Spikes

Herpes-Partikel

1. Das Nucleocapsid des *Influenza-Virus* könnte man mit einem kugeligen Knäuel aus isoliertem Kupferdraht vergleichen. Der Metallfaden nimmt hierbei den Platz des Nucleinsäurefadens ein, während das Isoliermaterial, welches den Metalldraht umschließt und seinen Windungen folgt, dem Capsid entspricht.
2. Das Partikel des *Adeno-Virus* gleicht demgegenüber einem aus blankem Kupferdraht bestehenden kugeligen Knäuel, welches im Hohlraum eines Gummiballs untergebracht worden ist. Dabei entspricht auch hier der Kupferdraht dem Nucleinsäurefaden, während der Gummiball das Capsid versinnbildlicht.

Influenza- und Adeno-Partikel: Veranschaulichung des Nucleocapsid-Aufbaues

Symmetrie	Das Symmetrieverhältnis aller Virusteilchen entspricht – vereinfacht gesehen – einer der folgenden drei Grundformen:
	1. **Einfache Symmetrie.** Die Spiegelbildlichkeit ist hierbei in allen Achsen vorhanden.
	   a) *Translationssymmetrie:* Eine Achse des Capsids ist länger als die beiden anderen Achsen. Die beiden kürzeren Achsen sind untereinander gleich lang. Diese Form der Symmetrie wird mit der Bezeichnung „helicale" versehen.
	   Beispiel: TMV oder fd-Phagen. Die Partikel sind stäbchenförmig.
	   b) *Rotationssymmetrie:* Alle drei Achsen sind gleich lang. Das Nucleocapsid bzw. das Viruspartikel nähert sich der kugeligen Form.
	   Beispiel: Adeno- und Herpes-Virus.
	2. **Komplexe Symmetrie:** Die Achsen sind entweder alle ungleich lang, oder es existiert innerhalb einer oder mehrerer Achsen keine Spiegelbildlichkeit.
	   Beispiel: T-Phagen haben Kopf- und Schwanzteil; die Pocken-Viren zeigen Quaderform.
	Die Angaben über die Symmetrie beziehen sich *stets auf das Nucleocapsid,* unabhängig davon, ob das Partikel noch zusätzlich eine Hülle („envelope") hat oder nicht. In diesem Sinne ist das Partikel des TMV ebenso translationssymmetrisch wie dasjenige des Influenza-Virus. Beide besitzen ein Nucleocapsid, welches stäbchen- bzw. fadenförmig ist. Ob das stäbchenförmige Nucleocapsid selbst gestreckt oder verknäuelt ist, spielt für die Beurteilung der Symmetrie keine Rolle. Andererseits ist das Partikel des Adeno-Virus, ebenso wie dasjenige des Herpes-Virus rotations-symmetrisch gebaut: Das Nucleocapsid ist bei diesen Viren nicht fadenförmig, sondern kugelig angelegt.

Experimentelle Zerlegung des Virus in seine Strukturelemente	Wenn man im Laboratorium Abbauversuche mit Viruspartikeln unternimmt, dann wünscht man sich zweierlei: Einmal sollen die erhaltenen Fragmente den natürlichen Strukturelementen entsprechen und zum zweiten sollen sie ihre Teilfunktionen möglichst behalten. Die folgenden Verfahren haben für das Verständnis des Partikelaufbaues grundlegende Beiträge geliefert: 1. *Alkali-Behandlung.* TMV zerfällt dabei in ringförmige Capsid-Untereinheiten und RNA. Die so gewonnenen Capsid-Untereinheiten legen sich bei Säuerung des Milieus spontan zusammen und bilden wieder den typischen Hohlzylinder des Gesamtcapsids. Diese Erscheinung ist die Grundlage für die Herstellung von „hybriden" TMV (s. S. 12). 2. Die Behandlung von TMV mit *Phenol* zerstört die Struktur des Capsids völlig. Dabei wird funktionell intakte, „infektiöse" Nucleinsäure freigesetzt („nackte Nucleinsäure"). 3. *Äther-* oder *Tween-80-Behandlung* (bei Myxo-Viren) trennt die Hülle vom Nucleocapsid ab. Das verbleibende Nucleocapsid ist fadenförmig (sehr zerbrechlich) und nicht mehr infektionstüchtig. Das abgetrennte Hüllmaterial ist biologisch noch aktiv, und zwar im Hinblick auf seine Antigenität und seine Fähigkeit, die Hämagglutination zu bewirken. Auch das Capsid oder seine Bruchstücke reagieren serologisch.
Capsid-Untereinheit, Capsomeren und Capsid: Feinstruktur des TMV-Partikels	Als Capsomeren bezeichnet man die morphologischen Bausteine des Capsids. Beispielsweise setzt sich das einem Hohlzylinder gleichende Capsid des TMV aus kugeligen Capsomeren zusammen. Mehrere dieser Capsomeren bilden zunächst eine Capsid-Untereinheit in Form eines mit einem Loch versehenen runden Scheibchens. Der Hohlzylinder des Capsids kann als eine Serie von Capsid-Untereinheiten aufgefaßt

werden, die wie Kringel auf einer Stange aneinandergelegt sind. Von außen gesehen erinnert das Modell des TMV-Capsids an einen Maiskolben. Die den „Maiskörnern" entsprechenden Untereinheiten entsprechen den Capsomeren. Im TMV-Capsid verläuft der RNA-Faden *nicht* im zentralen Hohlraum des Capsids. Er verläuft innerhalb der Wand des Hohlzylinders wie eine Wendeltreppe.

Folgende Einteilungskriterien liegen der heute üblichen Virussystematik zugrunde:

1. Der *Typ der Nucleinsäure*. Danach unterscheidet man DNA-Viren und RNA-Viren. In einigen Sonderfällen wird die Frage berücksichtigt, ob die Virusnucleinsäure einsträngig oder mehrsträngig ist. Bis auf eine Ausnahme ist die RNA der Viren einsträngig. Desgleichen ist die DNA bei Viren bis auf zwei Ausnahmen doppelsträngig.
2. *Symmetrie* des Nucleinsäure-Capsid-Komplexes (z. B. stäbchenförmig oder kugelig).
3. Vorhandensein oder Fehlen einer Hülle („envelope").
4. *Serologische Eigenschaften* des Capsids und der Hülle; mit diesem Kriterium werden feinere und feinste Differenzierungen vorgenommen.
5. Das Vorhandensein gewisser *Enzyme*, wie Neuraminidase, Polymerase, Reverse Transcriptase.

Aufgrund der geschilderten Kriterien kann man für die beiden großen Gruppen der RNA- und der DNA-Viren charakteristische Strukturprototypen aufstellen. Sie werden jeweils durch ein besonders charakteristisches Virus repräsentiert.

Einteilungsprinzip

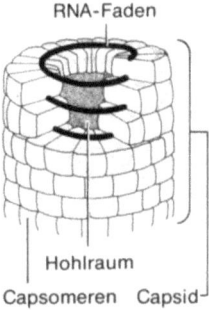

Tabak-Mosaik-Virus

Die Wirtsspezifität und die Organotropie mußten früher als Einteilungskriterien dienen, da die Kenntnisse über den Aufbau der Viren für eine Systematik nicht ausreichten. In klinischen Lehrbüchern werden die Viruskrankheiten auch heute noch vielfach nach dem Gesichtspunkt der Organotropie geordnet. – Eine grobe Gruppierung der Viren wird möglich, wenn man die pflanzenpathogenen Viren (z. B. TMV, Bakteriophagen) von den menschen- und tierpathogenen Viren („animalen Viren") trennt.

Für die **RNA-Viren** kann man neun Strukturprototypen aufstellen. Die Prototypen 1–7 enthalten eine *ein*strängige RNA; Prototyp Nr. 8 und 9 enthalten eine *doppel*strängige RNA.
1. **TMV**: Fadenförmiges Nucleocapsid (s. S. 4).
2. **Picorna-Viren**: („Pico" = klein; „rna" = RNA; es handelt sich um ein Kunstwort): Ein kugeliges RNA-Knäuel wird außen von einem schalenförmigen Capsid umgeben. Beispiel: Das Polio-Virus.
3. **Myxo-Viren** (Orthomyxo- und Paramyxo-Viren): Ein stäbchenbzw. fadenförmiges Nucleocapsid ist kugelig verknäuelt und außen von einer Hülle („envelope") umgeben. Beispiel: Das Influenza-Virus.

Gliederung der RNA-Viren: Neun Strukturprototypen

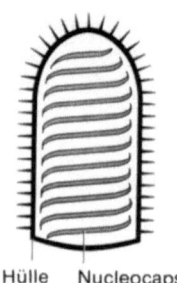

4. **Rhabdo-Viren:** Es sind kegel- bzw. geschoßförmige Partikel. Das helixartig angeordnete, fadenförmige Nucleocapsid wird von einer außen liegenden Hüllschicht umgeben. Beispiel: Das Tollwut-Virus.

5. **Toga[3]-Viren:** Ein zentrales RNA-Knäuel ist von einem schalenförmigen Capsid umgeben; das kugelige Nucleocapsid steckt seinerseits in einer auffallend weiten, „faltigen" Hülle. Beispiel: Das Röteln-Virus.

Hülle mit Spikes | Nucleocapsid-Helix

Rhabdo-Partikel

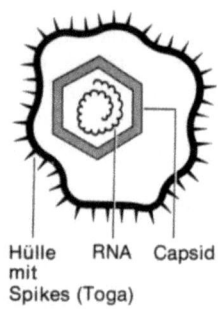

Hülle mit Spikes (Toga) | RNA | Capsid

Toga-Partikel

Hülle | Zweitcapsid
Innenkörper mit Nucleocapsid

Oncorna-Partikel (C-Typ)

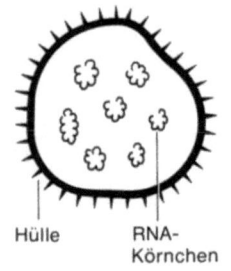

Hülle | RNA-Körnchen

Arena-Partikel

6. **Oncorna-Viren:** Es sind RNA-haltige, kugelige Viren, die beim Tier Tumoren erzeugen. Die RNA ist in einem schlauchförmigen Nucleocapsid enthalten; dieses ist zu einem kugeligen Innenkörper zusammengerollt. Der Innenkörper ist von einem schalenförmigen Zweitcapsid und ganz außen von einer Hülle umgeben. Die Hülle trägt einen „Besatz" aus knopfartigen Strukturen. Beispiel: Das Rous-Sarkom-Virus.

7. **Arena-Viren:** Die RNA der Viren läßt sich in Form von mehreren Körnchen im Inneren einer mit Spikes besetzten Hülle darstellen. Ein unter der Hülle befindliches Capsid ist nicht bekannt. Beispiel: Das LCM-Virus.

8. **Reo-Viren:** Eine doppelsträngige (!) RNA ist für sich allein verknäuelt; das Knäuel wird außen von zwei ineinandergeschachtelten, schalenförmigen Capsiden (Doppelcapsid) umgeben.

9. **Rota-Viren:** Wie die Reo-Viren enthalten Rota-Viren eine Doppelstrang-RNA, die in ein Doppelcapsid verpackt ist. Das Virion bietet im Negativ-Kontrast das Bild eines Rades mit deutlich hervortretender Speichenstruktur.

---

[3] Toga: Weiter, faltiger Überwurf; Kleidungsstück der römischen Senatoren.

Bei den **DNA-Viren** ist zum Unterschied von den RNA-Viren die *doppel*strängige Nucleinsäure die *Regel* und die *ein*strängige die *Ausnahme*. Man unterscheidet sieben Prototypen:

Gliederung der DNA-Viren: Sieben Strukturprototypen

1. Der *Coli-Phage* mit der Bezeichnung „*fd*": Er besteht aus einem stäbchenförmigen Nucleocapsid; die Struktur ähnelt derjenigen des TMV.
2. **Adeno-Viren und Papova-Viren:** Für sich allein verknäuelte DNA. Das kugelförmige DNA-Knäuel ist außen von einem Capsidmantel schalenförmig umschlossen. Das Nucleocapsid hat die Form eines rotationssymmetrischen Zwanzigflächners (Ikosaeder).
3. **Die Herpes-Viren:** Die für sich allein verknäuelte DNA wird außen von einem Capsid umschlossen. Das kugelige Nucleocapsid ist seinerseits wieder von einer Hülle („envelope") umgeben.
4. **Die Pocken-Viren:** Es sind Viren mit komplex-symmetrischer Quaderstruktur. Das Partikel enthält in seinem Innern einen S-förmigen Proteinstab, auf welchen die DNA quasi aufgewickelt ist; diese Anordnung könnte als fadenförmiges Nucleocapsid aufgefaßt werden. Der von der DNA umgebene Stab ist von zwei übereinanderliegenden Hüllen umschlossen.
5. **Die T-Bakteriophagen** sind komplex-symmetrisch aufgebaut und bestehen aus einem Kopfteil und einem Schwanzteil mit Grundplatte (s. S. 10).

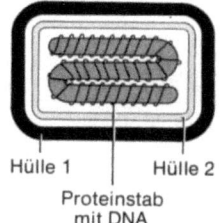

Hülle 1 | Hülle 2
Proteinstab mit DNA

Pocken-Partikel

Eine Sonderstellung kommt den beiden folgenden Strukturtypen zu: Sie besitzen zum Unterschied von den bisher geschilderten Viren eine **einsträngige** DNA. Die beiden Vertreter sind:

6. *Der Bakteriophage Φ x 174* (Phi ix 174). Er besitzt eine ringförmig angeordnete einsträngige DNA in einem kugeligen Nucleocapsid. Dieser Phage hat in dem berühmten Versuch Kornbergs eine DNA geliefert, welche in einem zellfreien System repliziert werden konnte. Die „synthetischen" Abkömmlinge dieser DNA waren gegenüber bakteriellen Protoplasten infektiös und haben dort die Synthese von morphologisch kompletten Phagen veranlaßt.
7. *Parvo-Viren:* Es sind kugelige, sehr kleine Viren, die bei vielen Säugetieren und beim Menschen vorkommen. Sie enthalten eine sehr kurze lineare Einzelstrang-DNA. Sie vermehren sich nur dann in der Zelle, wenn diese gewisse „Sonderleistungen" vollbringt; dies ist lediglich in der S-Phase des Zellcyclus der Fall. Andere Parvo-Viren benötigen für ihre Reduplikation ein „Helfer"-Virus.

Ein Bakteriophage ist ein pflanzenpathogenes Virus, welches ausschließlich Bakterien befällt. Im allgemeinen handelt es sich um DNA-Viren; es gibt aber auch einige RNA-Phagen. Der Bereich der Wirtsspezifität ist für Bakteriophagen besonders eng: Sie sind in der Regel nur für besondere Bakterien-Subtypen infektiös. Nach Befall durch einen virulenten Bakteriophagen zer-

Anhang: Bakteriophagen

fällt die Bakterienzelle („Lyse") innerhalb von 15 min und gibt die Nachkommenschaft frei.

Sprüht man Bakteriophagen als dünne Suspension auf einen geeigneten Bakterienrasen, so entstehen überall dort, wo Bakterienzellen durch Phagenpartikel infiziert worden sind, lochartige Aussparungen des Rasens: Der infizierende Phage erzeugt in der Wirtszelle etwa 200 Nachkommen; diese infizieren jeweils die benachbarten Zellen im Rasen. Die Infektion und damit der Lyseprozeß schreitet somit von der Stelle der primären Infektion zentrifugal fort (Infektionsausbreitung „per continuitatem").

Struktur der Bakteriophagen

Die Bakteriophagen unterscheidet man ebenso wie die übrigen Viren nach ihrem Aufbau. Man unterscheidet drei morphologische Formen:
1. *Stäbchenförmige Phagen.* Sie sind bis zu 750 (!) nm lang und 7 nm breit. Beispiel: Der fd-Phage.
2. *Kugelförmige Phagen.* Ihr Durchmesser ist ca. 15 nm. Im Elektronenmikroskop sehen sie wie eine Maulbeere aus. Beispiel: Der Phage $\Phi \times 174$.
3. **Phagen mit komplexer Symmetrie.** Sie besitzen einen kugeligen Kopfteil und einen Schwanzteil mit Grundplatte. Das bekannteste Beispiel liefern die *T-Phagen;* ihr Wirt ist E.coli.

T-Phagen: Befall der Bakterienzelle durch Injektion der Phagen-DNA

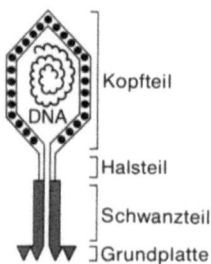

T-Phage

Die T-Phagen lassen sich in ihrer Form mit einer Stielhandgranate vergleichen. Im Kopfteil liegt die von einem Eiweißmantel umschlossene DNA. Der Schwanzteil ist als Röhre ausgebildet und trägt an seinem Ende eine Endplatte mit Strukturen, die sich zu dem Zellwandreceptor des Wirtes komplementär verhalten. Trifft die Endplatte mit dem homologen Receptor der Wirtszelle zusammen, so wird das Phagenpartikel spezifisch gebunden. Es kommt dadurch zu zwei nacheinander ablaufenden Vorgängen: Zuerst entsteht durch Enzymwirkung unter der Endplatte ein Zellwandloch; anschließend kontrahiert sich die Eiweißhülle und injiziert die Phagen-DNA durch den röhrenförmigen Schwanzteil in das Cytoplasma der befallenen Bakterienzelle. Zum Unterschied von allen übrigen Viren erfolgt bei den T-Phagen das „uncoating" (s. nächstes Kapitel) bereits außerhalb der Wirtszelle; das Zellplasma nimmt also nicht das gesamte Phagenpartikel auf, sondern nur dessen DNA.

B. Die Nucleinsäure als Informationsträger – Der Vermehrungscyclus

Nachdem Avery mit seinen Transformations-Experimenten die entscheidende Rolle der DNA als Informationsträger bei der Vererbung von *Bakterien* demonstriert hatte, bewiesen Hershey und Chase die Gültigkeit dieser Aussage für die *DNA-Viren*. Sie markierten T-Phagen gleichzeitig mit ^{32}P und mit ^{35}S. Hierbei geht der „heiße" Phosphor ausschließlich in die DNA, während der Radioschwefel ausschließlich in das Virusprotein eingebaut wird. Es zeigte sich, daß bei der Infektion mit doppelt markierten Phagen der „heiße" Schwefel nicht in die Bakterienzelle eindringt, wohl aber der „heiße" Phosphor: Die Fraktionierung der infizierten Bakterienzelle ergab, daß die gesamte Schwefelaktivität an der Zellwand hängenbleibt, während allein die Phosphoraktivität im Plasma auftaucht. Die neu entstandenen Phagen enthalten „verdünnten", aber nachweisbaren Radiophosphor, jedoch keinen Radioschwefel. *Schlußfolgerung:* Vom Phagen dringt nur die DNA in die Zelle ein; das gesamte Protein des Virus bleibt außen hängen. Da die neu entstandenen Phagen den infizierenden Phageneltern in jeder Hinsicht gleichen, muß man annehmen, daß die gesamte genetische Information in der DNA enthalten ist.

Die Natur des Informationsträgers: Fundamentalbeweise für die DNA-Viren

Für RNA-Viren gilt das gleiche wie für DNA-Viren: Auch hier ist die genetische Information ausschließlich in der Nucleinsäure enthalten. Als experimentellen „Kronzeugen" für diese Feststellung kann man Befunde anführen, die an dem pflanzenpathogenen Tabak-Mosaik-Virus (TMV) erhoben worden sind. Die Argumentation kann folgendermaßen zusammengefaßt werden:
1. Durch Phenol-Extraktion kann aus TMV eine capsidfreie („nackte"), aber dennoch infektionstüchtige RNA gewonnen werden[4].
Infiziert man mit der nackten TMV-RNA eine Pflanze, so gleichen die Viruspartikel, die als „Nachkommenschaft" neu entstehen, vollkommen den intakten TMV-Partikeln. Ihr Capsid zeigt z.B. die gleichen serologischen Eigenschaften wie das Capsid derjenigen Viruspartikel, welche zur Herstellung der „nackten" RNA verwendet wurden.

Die klassischen Versuche mit dem TMV

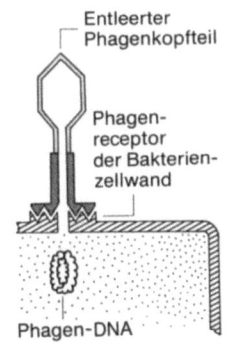

Phagen-Infektion

---
[4] Die Infektiosität ist schwach; es müssen große Inocula eingesetzt werden.

2. Es gibt mutativ entstandene Varianten des TMV; sie unterscheiden sich hinsichtlich ihrer serologischen Capsideigenschaften. Man kann in vitro die RNA aus der Variante „A" des TMV präparieren und sie mit dem „zerlegten" Capsid der Variante „B" zu einem intakten, infektiösen Viruspartikel „zusammenmontieren". Dieses „hybride" Virus („Nucleinsäure in fremden Kleidern") kann nur durch solche Antikörper neutralisiert werden, welche gegen das Capsid der Variante B gerichtet sind. Infiziert man aber eine Pflanze mit dem „hybriden" Virus, so ist dessen Nachkommenschaft durch Antikörper gegen das Capsid B nicht mehr neutralisierbar: Die Nachkommen können nur mit dem Antiserum gegen das Capsidmaterial A neutralisiert werden. Das „hybride" Virus enthält somit in seiner RNA die Information zur Synthese des Capsids A, obwohl seine RNA mit einem Capsid des Typs B „bekleidet" ist.
3. Acetylierung und Jodierung eines zur Infektion verwendeten TMV sind Maßnahmen, von denen man weiß, daß sie nur das Eiweiß, nicht aber die Nucleinsäure verändern. Mit diesen Maßnahmen bringt man es nicht fertig, die Nachkommenschaft des „mißhandelten" Virus hinsichtlich ihrer biologischen Merkmale zu verändern. – Andererseits ist wohlbekannt, daß eine Behandlung mit Nitrit nicht das Eiweiß, wohl aber die Nucleinsäure verändert. Die Nitrit-Behandlung von TMV führt nun tatsächlich zum gehäuften Auftreten solcher Viruspartikel, deren Nachkommenschaft erbliche Antigenvariationen aufweist. Man spricht von artifiziell erzeugten Virusmutanten.

Der Informationsgehalt der Virusnucleinsäure

Die Nucleinsäure des infizierenden Viruspartikels muß die Information zumindest für folgende Vorgänge liefern:
a) Für die Synthese derjenigen Enzyme, welche zur Autoreduplikation der Virusnucleinsäure gebraucht werden (Polymerasen, Replikasen).
b) Für die Synthese von Capsidmaterial.

Der Informationsgehalt der Virusnucleinsäure kann aus dem Molekulargewicht errechnet werden. Das M.G. der TMV-RNA beträgt 2×10^6 Dalton. Dies entspricht theoretisch etwa den Syntheseprogrammen für 5 Polypeptide mit jeweils 200 Aminosäuren und einem Molekulargewicht von jeweils 20000 Dalton. Dieser Rechnung werden folgende Annahmen zugrunde gelegt: Das M.G. eines Nucleotids wird mit 500 veranschlagt; jeweils drei Nucleotide werden pro Aminosäure benötigt; das M.G. einer Aminosäure ist 100. – Es ist bekannt, daß zur Synthese eines TMV-Polypeptids 156 Aminosäuren verknüpft werden müssen. Die dazu notwendige Information macht somit nur etwa 1/7 der Gesamtinformation aus, wie sie in der RNA des TMV enthalten ist.
Einen besonders geringen Informationsgehalt besitzen die Parvo-Viren und die Papova-Tumorviren; er ist nur etwa halb so groß wie derjenige des TMV. Auf dem Virusgenom sind in diesen Fällen höchstens 2–3 kleine Polypeptide codiert. Ein besonders großer Informationsgehalt kommt der Nucleinsäure des Herpes-Virus, der T-Phagen und der Pocken-Viren zu. Diese Viren enthalten bis zu 100mal mehr Information als die Parvo-Viren.

Spontane Veränderungen des Virusgenoms

Bei der Virusvermehrung kann es, wie bei Bakterien, spontan zu genetischen Veränderungen einzelner Partikel kommen. So können einfache und komplexe Mutationen sowie Rückmutationen ebenso auftreten wie Rekombinationen und Komplementationen. In Verbindung mit Selektionsprozessen entstehen dann Klone, deren Eigenschaften von denjenigen des „Elternvirus" abweichen.

Die *Mutation* kann als einfache oder aber als komplexe (d.h. mehrere Schritte einschließende) Erbänderung verschiedene Eigenschaften (Marker) des Virus betreffen. So ändern sich z.B. durch Mutation die äußeren Erscheinungen der vom Virus bewirkten Zellschädigung, das Temperaturoptimum für die Vermehrung des Virus, die Pathogenität[5] für einen bestimmten Wirt oder die Capsidstruktur. Mutative Abschwächungen der Pathogenität sind die Grundlagen für die Herstellung von Lebendimpfstoffen. Dabei wird das in der Natur vorkommende, ausgangsweise verwendete Virus als „Wildform" bezeichnet, während die Nachkommen der in ihrer Pathogenität abgeschwächten Mutante als „attenuierter Stamm" bzw. Impfstamm bezeichnet werden. Rückmutationen von Impfstämmen zur Wildform sind im Experiment zwar möglich, für die heutigen Lebendimpfungen stellen sie aber keine Gefahr dar.

Mutation

Als Beispiel für die Rekombination kann folgende Situation geschildert werden: Wir haben in einem Wirt eine Doppelinfektion mit den beiden Stämmen A1 und A2; die Stämme besitzen zusammen die biologischen Eigenschaften a, b und c. Die Eigenschaften sind entsprechend den Formeln ab und ac auf die beiden Stämme A1 und A2 verteilt. Nun kann es sich ereignen, daß wir einen Stamm A3 aus dem Wirt züchten, der die Eigenschaftskombination bc hat. Dieser Stamm kann nur aus einer genetischen Rekombination der beiden anderen Stämme hervorgegangen sein. – Die Doppelinfektion eines neuen Tieres mit den beiden Stämmen A2 (ac) und A3 (bc) kann andererseits wieder zum Auftreten des Stammes A1 (ab) führen. Die Merkmalzusammenstellung ab im Stamm A1 ist in diesem Fall das Ergebnis einer sog. Rückkombination. Die Rekombination spielt bei dem Antigenwandel der pandemisch auftretenden Influenza-Viren wahrscheinlich eine bedeutende Rolle (s. S. 76).

Rekombination

Als Komplementation bezeichnet man die Ergänzung eines defekten Virusgenoms. Die Komplementation spielt vor allem dann eine biologische Rolle, wenn sie die Autonomisierung einer integrierten Virusnucleinsäure ermöglicht.

Komplementation

---

[5] In der Virologie hat der Ausdruck „Pathogenität" einen breiteren Begriffsinhalt als in der Bakteriologie (s. S. 26).

Autonomisierung ohne Komplementation. Unter gewissen Umständen kann die Nucleinsäure des infizierten Partikels vor ihrer Reduplikation in toto in das Zellgenom integriert werden, z. B. als Prophage oder als potentiell transformierende Virusnucleinsäure (Provirus). Das infizierende Virus ist dann als infektiöses Partikel verschwunden und taucht spontan nicht mehr auf (s. S. 34). Oftmals kann aber die komplett integrierte Nucleinsäure mit Kunstgriffen wieder zur Selbständigkeit gebracht werden (z. B. durch UV-Bestrahlung: „Induktion"); sie redupliziert sich dann autonom und reift zu intakten Viruspartikeln heran.

Autonomisierung durch Komplementation. Manchmal ist die integrierte Nucleinsäure zur Autonomisierung nicht fähig, weil ihr ein Stück mit einem unentbehrlichen Informationsinhalt (z. B. für eine Polymerase) verlorengegangen ist. Wird die Wirtszelle aber in geeigneter Form mit einem zweiten Virus („Helfervirus") infiziert, so kann das integrierte Virusnucleinsäure-Fragment das ihm fehlende Stück aus dem Genom des zweiten Virus gegebenenfalls „entnehmen" und sich damit komplettieren. Hierdurch sind die Voraussetzungen für die Autonomisierung wieder gegeben. Die Zelle synthetisiert dann zwei Viren: Das „Helfervirus" und die Nachkommen des rekomplettierten Provirus.

Die Stadien der Virusvermehrung: Übersicht

Mit der Infektion einer Zelle durch ein Virus (Elternvirus) werden eine Reihe von biochemischen Prozessen in Gang gesetzt; diese enden mit der Entstehung von neuen Viruspartikeln (Tochterviren). – Das Studium der Virusreduplikation ist mit Hilfe des sogenannten **Einstufenvermehrungsversuches** erfolgt. Hierbei werden alle Zellen einer Kultur gleichzeitig mit mindestens einem aktiven Viruspartikel infiziert. Die Virussynthese in der Kultur läuft dann sozusagen im Gleichschritt, d. h. bei allen Zellen gleichsinnig ab. Nur unter dieser Voraussetzung lassen sich alle durch das Virus ausgelösten Veränderungen biochemischer oder morphologischer Art optimal erfassen und in bestimmte Stadien einteilen. Die Vorgänge, aus denen sich der Cyclus konsekutiv zusammensetzt, werden wie folgt benannt:
1. Adsorption
2. Penetration
3. „Uncoating" und Synthese von Frühproteinen
4. Reduplikation der Virusnucleinsäure sowie Synthese von Capsid- und Hüllmaterial („Spätproteine")
5. Montage der Virusbausteine
6. Ausschleusung.

Die Stadien 3 und 4 werden insgesamt als *„Eklipse"* bezeichnet.

Der griechische Ausdruck „Eklipse" bedeutet „Verschwinden" und wird in der Astronomie für die Phänomene der Sonnen- und Mondfinsternis gebraucht.

Die Adsorption

Bei der Adsorption reagiert ein außen liegendes Strukturelement des Viruspartikels mit einem besonderen Areal (Receptor) der Zellwand (bei Bakterien) oder der Zellmembran (bei animalen

Zellen). Dadurch wird das Partikel an die Zelle gebunden. Während der Adsorptionsphase kann das Virus durch Antikörper neutralisiert werden.

Der Ausdruck „Adsorption" ist streng genommen unkorrekt: Die Verankerung des Virus erfolgt nicht aufgrund allgemein wirksamer, unspezifischer Oberflächenkräfte; sie beruht vielmehr auf der Reaktion zwischen zwei Komplementärstrukturen, ist also spezifisch. Der Ausdruck „Adsorption" hat sich aber eingebürgert und muß mit diesem Vorbehalt verwendet werden.

Die Penetration des adsorbierten Virus in die Zelle erfolgt jeweils nach der Virusart und dem Wirt durch zwei Mechanismen:
1. *Durch Injektion der Nucleinsäure in die Zelle.* In diesem Fall bleiben die Eiweißbestandteile, welche die Virusnucleinsäure umgeben, außen an der Zelle hängen. Beispiel: Befall von Bakterien durch T-Phagen (s. S. 11).
2. *Durch Pinocytose.* Dieser Modus gilt beim Befall von animalen Zellen. Die Pinocytose ist in Analogie zur Phagocytose eine aktive Leistung der Zelle. Dabei wird das Viruspartikel im Anschluß an seine Adsorption durch Einstülpung der Membran ins Innere der Zelle befördert und dann inmitten einer Vacuole vom Protoplasma der Wirtszelle eingeschlossen. Die Einstülpung der Membran erfolgt auf ein chemisches Signal, welches durch die Adsorption ausgelöst wird. Während der Penetrationsphase kann das Virus durch Antikörper so lange neutralisiert werden, als es vom äußeren Milieu her erreichbar ist.

Die Penetration

Andere Mechanismen als die geschilderten werden diskutiert; sie sind aber noch nicht einhellig anerkannt.

Die Eklipse umfaßt alle diejenigen Stadien der Virusvermehrung, in welchen innerhalb der befallenen Zelle durch den Infektionsversuch kein Virus mehr nachweisbar ist. Das in die Zelle eingedrungene, ursprünglich infektionstüchtige Viruspartikel verliert bei Beginn der Eklipse seine Infektionstüchtigkeit[6]. Erst dann, wenn die voll ausgereiften „Nachkommen" des infizierenden Partikels auftauchen, ist es wieder möglich, infektionstüchtiges Virus in der Zelle nachzuweisen. Während der Eklipse enthält die Zelle lediglich die „nackte" Nucleinsäure des infizierenden Viruspartikels bzw. unreife, nicht-infektiöse Viruspartikel, neugebildete Enzyme und die noch nicht zusammengefügten Proteinbausteine des Virions.

Die Eklipse:
Allgemeine Charakterisierung

---

[6] Eine nackte Nucleinsäure ist im Prinzip zwar infektiös, jedoch sind die für die einzelnen Moleküle existierenden Chancen, eine Infektion zu setzen, sehr gering; die Infektion erfolgt deshalb nicht nach den Gesetzen der Treffer-Kinetik.

Beginn der „Virusfinsternis": Die Freilegung der Nucleinsäure („uncoating")	Um den Informationsfluß aus der Virusnucleinsäure freizusetzen, muß deren „Verpackung" (Capsid und gegebenenfalls Hülle) aufgelöst werden. Dies geschieht bei den Viren, die von der Zelle in toto pinocytiert werden, durch enzymatischen Abbau. Der gesamte Prozeß des „Auspackens" der Virusnucleinsäure wird als „*uncoating*" (Entkleidung) bezeichnet.
	Die zum „uncoating" notwendigen Enzyme sind für einfach gebaute Viren in den Lysosomen der Wirtszelle dauernd vorhanden; sie werden in Permanenz synthetisiert (konstitutive Enzyme). Bei Viren, deren „Verpackung" komplex aufgebaut ist (Beispiel: Vaccinia-Virus), besitzt die Zelle für die äußere Hüllschicht ein konstitutives Enzym, welches seinen Angriff sofort nach der Penetration beginnt (Enzym 1). Hierdurch wird die zweite Hüllschicht freigelegt. Das jetzt benötigte Enzym ist im Lysosom aber nicht vorhanden; es existiert nur potentiell in Form eines reprimierten Strukturgens. Kommt das diesem zugehörige Operatorgen in Berührung mit Material der soeben freigelegten zweiten Hüllschicht, so erfolgt über eine entsprechende Beeinflussung des zuständigen Regulatorgens eine Derepression, und die Synthese des Enzyms 2 läuft an (Induktion der Enzymsynthese durch das Substrat). Hat dieses Enzym den Abbau der zweiten Hüllschicht vollendet, so hört die Induktion auf, und der Informationsfluß wird durch das Regulatorgen wieder verriegelt.
Synthese der Frühproteine	Mit der Beendigung des „uncoating" beginnt der für die Virussynthese notwendige Informationsfluß. Er geht in dieser frühen Phase bei DNA-Viren entweder von der zelleigenen oder von der viralen DNA aus. Es wird dadurch über die Prozesse der Transcription und Translation die Synthese der sog. Frühproteine in Gang gesetzt. Hierzu gehören vor allem diejenigen Enzyme, welche zur Reduplikation der Virus-DNA unentbehrlich sind, also Polymerasen; gegebenenfalls erscheinen als Frühproteine auch andere Enzyme, wie z.B. die Thymidinkinase.
	Auch bei RNA-Viren wird die Synthese der Frühproteine sogleich nach Abschluß des „uncoating" in Gang gesetzt. Die Information wird aber in diesem Falle vom Virusgenom direkt den Ribosomen übermittelt (direkte Translation); der Transcriptionsschritt entfällt (s. S. 16). Dies gilt allerdings nicht für alle RNA-Viren: Bei Myxoviren und Rhabdoviren muß mittels einer partikeleigenen Replikase ein komplementärer RNA-Strang (+) *de novo* synthetisiert werden; nur dieser (+)-Strang, nicht aber der partikeleigene (−)-Strang kann sich an das Ribosom binden.
Die Reduplikation der Virusnucleinsäure	Mit der Bereitstellung der Frühproteine ist eine wichtige Voraussetzung für die Reduplikation der Virusnucleinsäure gegeben. Für die Synthese von neuer Virusnucleinsäure müssen folgende Reaktionselemente zur Verfügung stehen: 1. Ein gewisser Betrag an energiereichen *Nucleotiden*. Diese werden von der Zelle geliefert. 2. Ein *Nucleinsäure-Muster* („primer", Matrize), nach dessen

Bauplan die Herstellung der Kopien erfolgen soll. Diese Aufgabe wird von der nackten Virusnucleinsäure wahrgenommen.
3. Das Enzym *Polymerase* für die DNA-Synthese, bzw. die *Replikase* für die RNA-Synthese.

Bei kleinen RNA-Viren ist, wie erwähnt, die Replikase ein Virus-codiertes Enzym; bei DNA-Viren ist die Information zur Synthese der Polymerase häufig – aber nicht immer – im Virusgenom enthalten. Fehlt sie daselbst, so wird eine zelleigene Polymerase verwendet.
Mit dem Beginn der Nucleinsäuresynthese ist die Frühphase des Vermehrungscyclus abgeschlossen. Die mittlere Phase ist dadurch gekennzeichnet, daß der Informationsfluß nicht mehr ausschließlich vom Virus-Eltern-Genom, sondern auch von der Tochternucleinsäure ausgeht.

Die Synthese von Capsidmaterial erfolgt stets aufgrund einer im Virusgenom enthaltenen Information; sie kommt in der Regel erst nach Abschluß der Synthese von Frühproteinen und nach Anlaufen der Synthese von Virusnucleinsäure in Gang. Auch hier gilt die Regel, daß DNA-Viren ihr Capsidmaterial über eine Boten-RNA synthetisieren lassen, während die RNA-Viren ihre eigenen Nucleinsäure-Kopien (Tochter-RNA) oder entsprechende Teile davon als messenger benutzen. Die Vorfertigung des Capsidmaterials erfolgt am Polysom. Als Polysom bezeichnet man einen Komplex, der durch perlschnurartige Anlagerung mehrerer Ribosomen an die fadenförmige m-RNA entsteht. Hier erfolgt die Translation der in der m-RNA enthaltenen Information in die Aminosäuresequenz.

Die Synthese von Capsidmaterial

Die Informationsübertragung von der DNA auf den Ribosomen-Apparat (Transcription) läßt sich durch Actinomycin D unterbinden. Diese Substanz verhindert die Synthese von m-RNA und damit die Vermehrung aller DNA-Viren. Im Hinblick auf die Vermehrung von RNA-Viren ist Actinomycin unwirksam; seine Wirkung blockiert nämlich nur die Informationsübertragung von der Virus-DNA zum Ribosom. Actinomycin D kann gegen die an den Ribosomen direkt herangetragene Information, wie sie in der Virus-RNA enthalten ist, und gegen ihre Umsetzung in die Aminosäuresequenz (Translation) nichts ausrichten. RNA-Viren können somit trotz der Gegenwart von Actinomycin D vermehrt werden; ihre RNA benimmt sich wie eine in die Zelle eingeschleppte m-RNA. – Die Tatsache, daß die RNA-Viren unempfindlich gegen Actinomycin D sind, ist u. a. ein Beweis dafür, daß die Information zur Synthese der Replikase im Virusgenom selbst enthalten ist. Wäre die Replikase im Zellgenom codiert, so könnte ihre Synthese nur über eine Actinomycin-empfindliche Transcription erfolgen; dies ist aber gerade nicht der Fall.

Transcriptionshemmung durch Actinomycin D

Man kann angesichts der Actinomycin-Resistenz aller RNA-Viren fragen, ob sich deren Nucleinsäure nach ihrer Freilegung in der Zelle von einer zelleigenen m-RNA überhaupt unterscheiden läßt, wenn man vom Informationsgehalt einmal absieht. Trotzdem besteht ein fundamentaler Unterschied. Er liegt in folgendem: Die celluläre m-RNA gibt in ihrer Nucleotidsequenz stets die Basenfolge eines Abschnittes aus dem

Ist die Nucleinsäure der RNA-Viren ein ganz gewöhnlicher Messenger?

17

Zellgenom wieder; ihre Bildung erfolgt niemals durch Autoreduplikation von existierenden Molekülen, sondern stets „de novo" durch Ablesen und Transcribieren der cellulären DNA. Damit ist die celluläre m-RNA hinsichtlich ihrer Synthese DNA-abhängig. Demgegenüber besitzt die Virus-RNA die Fähigkeit, sich selbst, d.h. ohne die Mitwirkung von DNA zu reduplizieren: Sie kann ihr eigenes Molekül ganz oder teilweise als Matrize benutzen. Die Virus-RNA ist somit autonom, die celluläre m-RNA ist es nicht. Als Gleichnis formuliert: Die virale DNA spielt in der Zelle die Rolle einer „Nebenregierung", indem sie, rivalisierend mit dem Zellgenom, Befehle aussendet. Im Gegensatz dazu spielt die RNA in der Zelle die Rolle eines Eindringlings, der als Bote verkleidet, Befehle erteilt, von denen die Regierung nichts weiß.

Andere Möglichkeiten zur Beeinflussung der Proteinsynthese	Die Eiweißsynthese am Ribosom läßt sich u.a. durch Puromycin oder durch Cycloheximid hemmen. – Durch Anbieten eines alterierten Bausteins kann man die Eiweißsynthese zwar nicht hemmen, aber so beeinflussen, daß nur noch biologisch inaktive Proteine produziert werden. Man bietet der infizierten Zelle z.B. p-Fluor-Phenylalanin an; dies wird an Stelle des Phenylalanins eingebaut. Dadurch wird das ganze Gefüge des neu synthetisierten Eiweißmoleküls so verändert, daß sich dessen funktionelle Eigenschaften grundlegend wandeln: An Stelle eines Enzyms entsteht ein inaktives Protein; an Stelle des Capsomers entsteht ein nichtmontierbares Polypeptid.
Montage: Entstehung des reifen Partikels	Der Zusammenbau von einfach strukturierten Viren erfolgt in der Zelle spontan und ohne Energieverbrauch. Dies läßt sich am Beispiel des TMV durch einen Reagensglasversuch belegen: Die freien Capsomere und die intakte Nucleinsäure des TMV können in vitro schon durch Änderung des pH dazu gebracht werden, sich zum intakten Viruspartikel zusammenzuschließen (s. S. 6). Bei Viren, die außer dem Capsid noch eine Hülle haben, ist der Zusammenbau komplizierter: Es werden zuerst inkomplette Partikel als Nucleocapsid aufgebaut; diese werden dann im Zusammenwirken mit der Kern- oder der Zellmembran des Wirtes mit einer Hülle versehen und damit zu reifen Partikeln entwickelt.
Die Ausschleusung	Die Ausschleusung des Virus ist vielfach eine aktive Leistung der Wirtszelle. Hierbei spielen sich Vorgänge ab, die man als Umkehrung der Pinocytose („Exocytose") bezeichnen könnte. Bei Viren, die eine Hülle besitzen, erfolgt die Ausschleusung zugleich und in enger Verbindung mit der Hüllenmontage; elektronenmikroskopisch sieht man dann oft eine Art Knospungsvorgang („budding") an der Kern- oder an der Zellmembran. Knospung aus dem Zellkern sieht man bei Herpesviren; Knospung aus der Zellmembran ist typisch für Myxo-, Rhabdo- und Oncorna-Viren. In anderen Fällen geht die Zelle nach Beendigung der Montage zugrunde und die Viren werden „passiv" entlassen.

C. Pathogenität – Infektionsverlauf – Interferenz

Die krankmachende Potenz eines Virus für eine bestimmte Tier- oder Pflanzenspecies ist an eine Reihe von Voraussetzungen gebunden. Es sind dies:
1. Die „Fähigkeit" des Virus, von der Zelle adsorbiert und einverleibt zu werden.
2. Die Fähigkeit des Virus, sich nach der Penetration in der Wirtszelle zu vermehren oder aber seine Nucleinsäure wirksam in das Zellgenom zu integrieren.
3. Die Fähigkeit des Virus oder seiner Bestandteile, in der Synthesephase Rückwirkungen auf den Zellstoffwechsel auszuüben.

<small>Voraussetzungen der Pathogenität</small>

Die Ausdrücke „Wirtsspektrum" bzw. „Wirtsspezifität" beziehen sich beide auf die Erscheinung, daß ein gegebenes Virus nur bestimmte Tier- oder Pflanzenspecies infizieren kann. Man spricht von engem und von breitem Spektrum. Extrem eng ist das Wirtsspektrum des Hepatitis-B-Virus; dieses ist unter natürlichen Bedingungen nur für den Menschen infektiös. Auch das Polio-Virus befällt spontan nur den Menschen. – Die Wirtsspezifität der Influenza-Viren ist breiter: Diese Viren können mehrere Tierspecies befallen. Das Wirtspektrum des Tollwut-Virus ist sehr breit; es umfaßt praktisch alle Warmblüter. – Den engsten Spezifitätsbereich haben Bakteriophagen: Sie befallen innerhalb einer Bakterienspecies nur besondere Typen bzw. Subtypen. Dies ist die Grundlage der Lysotypie.
Bei sehr engem Spezifitätsbereich eines humanpathogenen Virus ist die experimentelle Arbeit zur Aufklärung der Ätiologie und zur Entwicklung von Impfstoffen beträchtlich erschwert, da sich Infektionsversuche am Menschen verbieten. Ein Beispiel für diese Situation bietet die Virushepatitis.

<small>Wirtsspektrum</small>

Bei Angaben über die Breite des Wirtsspektrums muß man unterscheiden zwischen solchen Infektionen, welche unter natürlichen Verhältnissen vorkommen und solchen, welche nur künstlich im Laboratorium erzielt werden können. Das Wirtsspektrum der Polyoma-Viren ist im Hinblick auf ihr natürliches Vorkommen relativ eng; im Hinblick auf künstliche Infektionen ist es aber sehr breit.

Das Vermögen, eine bestimmte Zelle zu infizieren, ist für ein gegebenes Viruspartikel von dessen Adsorptionsfähigkeit und damit von der Konfiguration seiner Außenstrukturen abhängig. Die Wirtsspezifität ist somit an reagible Strukturelemente des Capsids bzw. der Hülle gebunden; bei T-Phagen sitzen diese

<small>Molekulare Basis der Wirtsspezifität</small>

Strukturen an der Grundplatte. Den reagiblen Außenstrukturen des Virus stehen entsprechende Strukturelemente der Zellmembran bzw. Zellwand gegenüber; diese Zellstrukturen werden *Receptoren* genannt. Ist die Zellspecies im Wirtsspektrum des Virus enthalten, so verhält sich die Receptorstruktur zur Virusaußenstruktur komplementär. Es kann dann zur spezifischen Bindung des Virus an die Zelloberfläche kommen. In-vitro gehaltene Animalzellen besitzen jeweils etwa 10^4 Receptor-Moleküle. Wird das Virus an die Membran einer tierischen Zelle spezifisch verankert, so geht von dem betroffenen Receptorbereich ein Signal ab, welches die Pinocytose auslöst. – Für Bakteriophagen gilt ein anderer Mechanismus (s. S. 10). Der für die T-Phagen spezifische Zellwandreceptor des E. coli hat eine Größe von 30 Å. Jede Bakterienzelle enthält etwa 200 dieser Receptoren.

Unter den Virus-homologen Zellreceptoren gibt es solche, die als banale Strukturen weit verbreitet sind, also bei zahlreichen Species vorkommen. Das korrespondierende Virus hat in diesem Fall ein *breites Wirtsspektrum*. – Andere Zellreceptoren kommen nur bei wenigen oder bei einer einzigen Species vor. In diesem Fall hat das Receptor-homologe Virus ein *enges Wirtsspektrum*. Bei Bakteriophagen umfaßt das Wirtsspektrum, wie erwähnt, nur einen Teil einer Bakterienspecies, also einen Typ oder einen Subtyp im Sinne der Lysotypie.

Nackte Nucleinsäure hat theoretisch betrachtet ein extrem breites Wirtsspektrum. Ihre Infektiosität wird aber von anderen Faktoren als von der Species bestimmt. Maßgebend sind u. a. die Inaktivierung durch RNAase bzw. DNAase und die spezielle Aufnahmebereitschaft der Wirtszelle für Nucleinsäure.

Organotropismus

Neben der Spezifität im Hinblick auf die als Wirt in Betracht kommenden Tier- und Pflanzenarten kommt den Viren noch eine zweite Selektivqualität zu: Wird ein Wirtsorganismus infiziert, so bevorzugen die Viren im Hinblick auf ihre pathogene Wirkung vielfach bestimmte Organe bzw. Organsysteme. So gibt es z. B. „neurotrope" und „viscerotrope" Varianten von ein- und derselben Virusart (s. S. 26).

Die als Organotropismus bezeichnete Bevorzugung in der Schädigung bestimmter Wirtszellen muß von der eigentlichen Wirtsspezifität unterschieden werden. So ist z. B. das Wirtsspektrum des Tollwut-Virus sehr breit, während der Organotropismus sehr ausgeprägt ist; bei jedem der in Betracht kommenden Wirtsspecies werden bevorzugt die Zellen des ZNS geschädigt. Umgekehrt gibt es Viren, die bei engem Wirtsspektrum in nahezu allen Organen des infizierten Wirtsorganismus Schäden setzen können, z. B. bei der Cytomegalie und dem Herpes des Neugeborenen. Schließlich kennt man eine Kombination von engem Wirtsspektrum und engem Organotropismus, z. B. bei der Virushepatitis. Der Organotropismus ist eine Resultante aus der Wirkung von sehr verschiedenartigen Faktoren; eine einheitliche Erklärung ist nicht möglich. Im

Sprachgebrauch werden summarische Ausdrücke wie „Neurotropie" oder „Viscerotropie" oft verwendet; sie haben keinen exakt abgrenzbaren Begriffsinhalt. Früher hat der Organotropismus der Viren als Einteilungskriterium gedient. Heute ist die auf diesem Prinzip fußende Systematik nicht mehr in Gebrauch. An ihre Stelle ist die auf der Virusstruktur beruhende Einteilung getreten.

Es gibt Situationen, in welchen das Virus trotz regelrechter Adsorption und Penetration in der Zelle nicht Fuß fassen kann. Ein Beispiel dafür ist gegeben, wenn das Virus eine unter Interferon-Einfluß stehende Zelle der ihm zusagenden Species befällt. Adsorption und Penetration sowie „uncoating" erfolgen regelrecht, aber der vom Virusgenom ausgehende Informationsfluß wird vom Interferon-System verriegelt. Das Virusgenom kann nicht in Funktion treten und wird dann durch RNAase oder DNAase abgebaut.

Erfolglose Adsorption und Penetration

Nicht alle Viren richten die Zelle dadurch, daß sie deren Syntheseapparat für die eigene Vermehrung in Anspruch nehmen, zugrunde. Wir unterscheiden *cytocide* (zellabtötende) Vermehrungscyclen von *nicht-cytociden* Reduplikationsvorgängen (s. auch S. 31). Bei den letzteren zeigt sich die Zelle der doppelten Belastung, wie sie sich aus dem Anabolismus zur Selbsterhaltung und der Virussynthese ergibt, gewachsen; sie produziert das Virus gewissermaßen „nebenbei".

Folgen des Virusbefalls für die Wirtszelle: Cytocide und nicht-cytocide Reduplikation

Will man in Analogie zu der Lehre von den chemisch und biologisch faßbaren Pathogenitätsfaktoren der Bakterien die schädigende Potenz der Viren gegenüber ihrem Wirt auf bestimmte Strukturelemente, auf Stoffe oder auf regulative Einflüsse zurückführen, so können hierüber konkrete Angaben nur in geringem Ausmaß gemacht werden. Zweckmäßigerweise unterscheidet man hier die direkten, durch den Virusbefall bedingten Schädigungen der infizierten Zelle als *Primärschäden* von den indirekten Auswirkungen der Virusinfektion auf den Gesamtorganismus; diese sollen als *Sekundärschäden* bezeichnet werden.

Primäre und sekundäre Schädigung

Ein „Primärschaden" kann durch folgende Ursachen ausgelöst werden:
1. Die Rückwirkungen der Virusvermehrung (Virussynthese) auf den Zellstoffwechsel können eine Schädigung der Wirtszelle verursachen.
2. Daneben ist bei einigen Viren ein von der Virusreduplikation unabhängiger Mechanismus der Zellschädigung oder Zellbeeinflussung zu postulieren.

Mechanismen des Primärschadens

ad 1. In der Phase des „uncoating" erfolgt eine Stimulierung der zelleigenen Syntheseleistungen durch die induktive Wirkung des Virusmaterials auf das Zellgenom: Zusätzlich zu den übrigen Zelleistungen werden die zum „uncoating" benötigten Enzyme gebildet. Sobald die

Die Rückwirkungen der Virussynthese auf das Zellgenom

Virusnucleinsäure aber „nackt" vorliegt, ändern sich die Verhältnisse: Es gehen jetzt zwei Informationsströme zum Ribosom: Der eine kommt vom Zellgenom, während der zweite vom Genom des infizierenden Virusteilchens (Virus-Elterngenom) ausgesendet wird. In dieser Phase kommt es durch selektive Repression zu einer progressiven Drosselung des Informationsflusses vom Zellgenom zum Ribosom, während der Informationsfluß vom Virusgenom zum Ribosom anschwillt: Die zelleigene m-RNA wird durch die neugebildete virale RNA verdrängt. Insgesamt werden celluläre DNA-, RNA- und Protein-Synthese blokkiert. Auch der Zuckerstoffwechsel wird gestört. Die Konkurrenz zwischen dem viralen und dem zelleigenen Informationsfluß ist verschieden stark ausgeprägt.

Besondere Schädigungsmechanismen

ad 2. Die reprimierende Wirkung des Virusgenoms auf den cellulären Informationsträger und die Verdrängungserscheinungen am Ribosom sind nicht die einzigen Schädigungsursachen. Die Zelle kann auch durch andere, von der Virussynthese unabhängige Mechanismen geschädigt oder beeinflußt werden. So geht beispielsweise vom Elterngenom des Herpes-Virus nach dessen „uncoating" eine Information ab, welche die Umbildung der Wirtszelle zur Riesenzelle veranlaßt. Bei vielen Virusarten werden außerdem virusspezifische Antigene in die Zellmembran eingebaut („Verfremdung"). Die hierfür verantwortliche Information ist bei einigen Virusarten unabhängig von der Reduplikation des Elterngenoms und auch unabhängig von der Synthese von Capsid- und Hüllmaterial. Herpes-Viren besitzen die Eigenschaft, sich unter Bildung von Intercellularbrücken im Gewebe auszubreiten und sich damit dem Zugriff der Antikörper zu entziehen. Bestimmte Tumorviren stimulieren sogar gewisse zelleigene Synthesevorgänge (DNA-Synthese). Vielleicht hängt dies damit zusammen, daß bei diesen Viren die Vermehrungsvorgänge in größerem Maße von der Anwesenheit solcher Enzyme abhängig sind, welche nicht im Virusgenom, sondern im Zellgenom codiert sind.
Im übrigen ist bei vielen Virusarten der Mechanismus der Zellschädigung noch wenig bekannt.

Der cytopathische Effekt

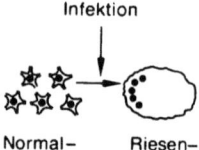

Infektion

Normal- abgekugelte
zelle Zelle

Infektion

Normal- Riesen-
zellen zelle

Im histologischen Schnittpräparat kann man in besonderen Fällen den Primärschaden als Zelluntergang erkennen, z.B. bei der Poliomyelitis. Wesentlich ergiebiger ist die Direktbeobachtung der lebenden Zellkultur mit dem Mikroskop; hier können als Folge der Virusinfektion typische Änderungen der Zellmorphologie auftreten. Sie werden in ihrer Gesamtheit als *cytopathischer Effekt* bezeichnet. – Folgende Erscheinungen sind typisch:
1. **Zellabkugelung.** Die in der nicht-infizierten Kultur polygonal oder sternförmig aussehenden, mit Fortsätzen versehenen Zellen runden sich ab. Beispiel: Mit Polio-Virus infizierte Affennierenzellen.
2. **Riesenzellbildung.** Die einkernigen, normal dimensionierten Zellen fusionieren und bilden zusammen sehr große, mehrkernige Gebilde; diese werden als Riesenzellen bezeichnet. Beispiel: Kaninchennierenzellen nach Infektion mit Herpesvirus hominis.
3. *Auftreten von* **Einschlußkörperchen.** Es treten im Kern und/oder

im Cytoplasma der befallenen Zelle kugelige Strukturen auf, die in typischer Weise färbbar sind (Einschlußkörperchen). Sie können lichtmikroskopisch leicht wahrgenommen werden. Ihre Größe liegt zwischen 2 und 10 µm. Die Einschlußkörperchen sind als Aggregate von inkompletten Viria zu verstehen; ihre Lokalisation entspricht den Montageorten in der Spätphase des Vermehrungscyclus („intracelluläre Virusfabriken"). Beispiele: Die Guarnierischen Körperchen bei Pocken; die Negrischen Körperchen bei Tollwut; Einschlußkörperchen im Kern bei Masern und bei Herpes.

Plasmat. Einschlußkörperchen

Kern-Einschlußkörperchen

4. *Auftreten von* **Elementarkörperchen**. Als Elementarkörperchen bezeichnet man intracellulär gelegene Einzelpartikel von großen Viren, die sich lichtmikroskopisch darstellen lassen. Beispiel: Die Paschenschen Elementarkörperchen bei Pocken.
5. **Chromosomenbrüche.** Diese sind mit speziellen Methoden der Lichtmikroskopie darstellbar. Sie werden bei vielen Virusinfektionen sowohl in vitro als auch in vivo beobachtet. Beispiel: Menschliche Leukocyten nach Masern-Infektion.

Die Einschlußkörperchen und die Elementarkörperchen sind nicht immer Ausdruck eines Zellschadens. Sie können als Erscheinungen betrachtet werden, die mit der normalen Virussynthese notwendigerweise verknüpft sind. In der virologischen Diagnostik bewertet man sie aber herkömmlicherweise als Zeichen des cytopathischen Effektes.
Man darf annehmen, daß die Erscheinungen des cytopathischen Effektes, wie sie in der Zellkultur auftreten, ein Spiegelbild der Verhältnisse liefern, wie sie im infizierten Organismus bestehen. So treten Riesenzellen z. B. auch in vivo auf (Masern, Varicellen, Herpes).

Der Zellrasen einer normalen, nicht-infizierten Kultur nimmt den Vitalfarbstoff Neutralrot schnell auf und erscheint dann als rosa gefärbte kontinuierliche Schicht auf dem Glas. Zellen, die durch Virusbefall geschädigt sind, verlieren die Fähigkeit, den Farbstoff aufzunehmen. Sie erscheinen dann makroskopisch erkennbar als farblose Flecken („plaques") innerhalb des gefärbten Rasens der Normalzellen. Dies ist die Grundlage eines Verfahrens zur Partikelzählung (s. S. 54).

Plaquebildung

Bei einer Virusinfektion können Kreislauftoxine, pyrogene Stoffe und encephalitogene Faktoren wirksam werden. Stoffe dieser Art kann man bei komplex gebauten Viren z.T. aus dem Virion isolieren. Bei der Infektion mit Röteln-Virus wird ein besonderer Pathogenitätsfaktor wirksam; er hemmt die Zellteilung und führt bei intrauteriner Infektion zu einer Störung des Extremitätenwachstums. – Zu den sekundären Pathogenitätsfaktoren gehören vor allem immunpathologische Prozesse, welche bei Infektionen durch gewisse Viren (Herpes, Myxo-Viren, Pocken und lymphozytäre Choriomeningitis) besonders hervortreten. Die Ursache

Der Sekundärschaden

liegt in einer „Verfremdung" der Zellmembran, die dann Immun-Reaktionen auslöst.

Infektionsverlauf:
Ist eine Schädigung des Wirtsorganismus die notwendige Folge jeder Virusinfektion?

Die als Primär- und Sekundärschädigung bezeichneten Auswirkungen der Virusinfektion müssen aber keineswegs als obligate Begleiterscheinung jeder angegangenen Virusinfektion betrachtet werden. Welches Ausmaß die Schädigung erreicht, hängt von den Eigenschaften des Virus ebenso ab, wie von den Eigenschaften des befallenen Wirtsorganismus. So gibt es eine große Reihe von Virusinfektionen, bei denen die Sekundärschäden fehlen oder gering sind. Der Verlauf einer Virusinfektion wird dann als „klinisch inapparent" bezeichnet, wenn die Schädigungen (primäre und sekundäre) so gering sind, daß keine subjektiven Beschwerden auftreten (subklinischer Verlauf). Bei anderen Virusinfektionen fehlen sogar die primären Zellschädigungen völlig: Die Zelle produziert Virus und bleibt dabei intakt. Schließlich existiert sogar eine Form der Virusinfektion, bei der das eingedrungene Virus ohne inaktiviert oder eliminiert zu werden an der Reduplikation gehindert wird.

Die Spielarten des Infektionsverlaufes kann man durch sieben Prototypen repräsentieren. Man spricht in diesem Zusammenhang von der Virus-Wirts-Beziehung und meint damit das Resultat, welches sich aus der höchst komplexen Wechselwirkung zwischen den Parasiten und dem befallenen Organismus ergibt.

Sieben Prototypen des Infektionsverlaufs

1. Die **klinisch apparente** *(akute)* Infektion. Es entsteht hierbei eine erkennbare, zeitlich begrenzte Krankheit mit deutlich ausgeprägten Symptomen. Es kommt zur Virusvermehrung und zur Ausscheidung von infektiösen Viruspartikeln. Die Infektion kann auf die Eintrittspforte und deren Umgebung **beschränkt** bleiben, wie beim banalen Schnupfen (lokale Infektion). Breitet sich hingegen die Infektion in mehreren voneinander abgrenzbaren Phasen über den gesamten Organismus aus, wie z. B. bei den Pocken oder der Polio, so liegt eine **cyclische Infektionskrankheit** vor (s. S. 61). In beiden Fällen treten Antikörper auf: Der Patient erwirbt eine Immunität. Am Ende der Krankheit oder danach enthält der Wirtsorganismus kein infektiöses Virus mehr (Elimination des Virus). Beispiel: Pocken, Polio.
2. Die **klinisch inapparente** („stumme") Infektion. Es kommt zum Ablauf einer objektiv und subjektiv symptomfreien (subklinischen) „Krankheit". Der Verlauf ist zeitlich begrenzt. Während des Ablaufs vermehrt sich das Virus und erscheint in den Ausscheidungen. Es werden Antikörper gebildet. Der Patient erwirbt unbemerkt eine Immunität („stille Feiung"). Die Infektion endet mit der Viruselimination. Die inapparente

Infektion gleicht also, wenn wir von der klinischen Wahrnehmbarkeit absehen, in jeder Hinsicht der apparenten Infektion. Beispiel: Die klinisch nicht faßbaren Fälle von Poliomyelitis.

3. **Die latente Infektion.** Es ist eine zeitlich nicht begrenzte (!) subklinische Verlaufsform („inapparente Infektion ohne Ende"). Es kommt dabei zur Virusvermehrung und -ausscheidung sowie zur Antikörperbildung; eine abschließende Elimination des Virus erfolgt aber nicht. Es stellt sich vielmehr ein langdauerndes Gleichgewicht zwischen Wirt und Virus ein. Die Analogie zur Situation des Typhus-Dauerausscheiders liegt nahe. Beispiel: Adeno-Virus-Infektionen.

4. Die **occulte** Virusinfektion. Der Organismus ist und bleibt infiziert, jedoch ohne klinische Symptome, und ohne daß das Virus im Infektionsversuch nachweisbar wäre: Das Virus „ist in den Untergrund gegangen" (Spinalganglien). Neutralisierende und komplementbindende Antikörper sowie spezifisch reagible T-Zellen sind nachweisbar. Das occulte Stadium der Infektion wird gelegentlich unterbrochen von der Exacerbation („Rezidiv"). Dabei wird die Infektion klinisch manifest; das Virus kann jetzt durch den Infektionsversuch nachgewiesen werden. Klassisches Beispiel: Herpes simplex; ähnliche Verhältnisse gelten auch für das Varicellen-Virus beim Zoster.

5. Gewisse Virusinfektionen erfolgen vor der immunologischen Reifung; sie stoßen damit auf einen immunologisch inkompetenten Organismus. Es entsteht hierdurch eine **Immuntoleranz.** Das Virus vermehrt sich lebenslang im Organismus; trotzdem tritt keine Erkrankung auf (Beispiel: LCM bei der Maus). – Gelangt das Virus erst nach der immunologischen Reifung, also durch horizontale Infektion (s. S. 43) in den Organismus, kommt es zur Erkrankung, sobald Antikörper auftreten („immunpathologische Essentialkomponente").

6. Bei extremer Verlängerung des Zeitabstandes zwischen Infektion und Krankheitsausbruch sprechen wir von **„slow virus diseases".** Man versteht darunter einen chronischen Krankheitsprozeß, der erst mehrere Monate oder Jahre nach der Infektion einsetzt. Typisch sind gewisse Erkrankungen des ZNS (s. S. 135). Immunologische Reaktionen spielen bei der Pathogenese offenbar eine Rolle. Beispiele: Scrapie der Schafe und Kuru des Menschen.

7. Die **onkogene Situation.** Die infizierte Zelle wird transformiert und vermehrt sich autonom weiter: Es kommt zur Tumorkrankheit. Hierbei kann das Virus verschwinden (SV 40) oder von der transformierten Zelle weiterhin synthetisiert werden (Rous-Sarkom-Virus).

Typischer Verlauf bei einzelnen Viruskrankheiten	Das Häufigkeitsverhältnis zwischen apparenter und inapparenter Form variiert bei den verschiedenen Viren beträchtlich. Die *Masern* und die *Pocken* treten zu mehr als 90% als *apparente* Virusinfektion auf. Die *Polio* läuft zu mehr als 99% in Form der *inapparenten* Infektion ab. – Die primäre Herpes-Infektion ist nur bei etwa 1% der Fälle apparent, während bei der Influenza 50% der Fälle apparent verlaufen.
Bedeutung des Begriffes „Pathogenität" in der Virologie	Im Unterschied zum bakteriologischen Sprachgebrauch beinhaltet der Ausdruck „Pathogenität" in der Virologie nicht nur eine grundsätzlich verstandene Ja-Nein-Aussage über die Fähigkeit einer Virusspecies, einen gegebenen Wirtsorganismus im Sinne einer krankheitserzeugenden Infektion zu befallen; darüber hinausgehend benutzt man für Viren den genannten Terminus auch, um den *Grad* ihrer krankmachenden Wirkung im Hinblick auf deren Veränderlichkeit zu kennzeichnen. In der Virologie steht damit der Ausdruck „Pathogenität" auch für diejenigen Eigenschaften, die in der Bakteriologie mit dem Wort „Virulenz" umschrieben werden.
Die ID_{50}	Als Maß für die Pathogenität gibt man für einen gegebenen Virusstamm bei festgelegtem Wirt die ID_{50} an, d. h. diejenige Partikelzahl, die pro Tier verabreicht innerhalb eines Kollektivs bei 50% der Individuen bestimmte Infektionsfolgen hervorruft. – Der Begriff „Pathogenität" kann in dem eben erläuterten Sinne nur im Hinblick auf das lebende Tier benutzt werden. Bei Arbeiten mit virusempfänglichen Zellkulturen nimmt man in der Regel eine maximale Pathogenität an; man weiß, daß ein Viruspartikel genügt, um pro Zelle eine Infektion zu setzen.
Stamm- und typgebundene Pathogenitätsunterschiede	In der Natur kommen bei ein und derselben Virusart zahlreiche Varianten mit sehr verschiedenartiger Pathogenität vor. Das *klassische Pocken-Virus* hat z. B. eine sehr hohe Pathogenität für den Menschen, während eine seiner schwächer pathogenen Abarten das relativ harmlose Krankheitsbild der *Alastrim* erzeugt. Desgleichen unterscheiden sich die Subtypen der A-Influenza hinsichtlich ihrer Pathogenität in erheblichem Maße. Dem hochpathogenen A_0-Subtyp (Epidemie 1918) steht der relativ schwach pathogene Typ A2 (Asia) aus der Pandemie 1957 gegenüber.
Pathogenitätsveränderungen durch Passagen-Prinzip der Lebendimpfung	Die Pathogenität für einen bestimmten Wirt ist bei Viren eine genetisch bestimmte Größe. Spontan entstehende Mutanten mit größerer Pathogenität werden bei Vorliegen einer entsprechenden Selektionssituation begünstigt und beherrschen schließlich den resultierenden Klon. Von besonderer Bedeutung ist die Tatsache, daß bei einem gegebenen Virus die Pathogenitätsmerkmale für verschiedene Wirtsorganismen durch jeweils verschiedene Gene kontrolliert werden können. Wird beispielsweise die Mäusepathogenität eines Gelbfieber-Virusstammes durch Mäusepassagen gesteigert, so segregieren u. U. die Pathogenitätsmerkmale für an-

dere Wirtsspecies, z.B. für den Menschen. Die schließlich erhaltene Variante zeigt eine gesteigerte Mäusepathogenität, aber eine herabgesetzte Menschenpathogenität. Die auf diese Weise erzielte Pathogenitätsdrosselung ist die Grundlage für die Herstellung von Lebendimpfstoffen mit abgeschwächten Viren („attenuated viruses"). Als Beispiele für Virusimpfstoffe dieser Art seien genannt die Impfstoffe gegen

Poliomyelitis,
Gelbfieber,
Masern,
Pocken,
Mumps,
Röteln.

Die abgeschwächten Viren behalten ihre Antigenstruktur und ihre Fähigkeit, in die Zelle einzudringen und sich dort zu vermehren. Die Abschwächung hat lediglich ihre Fähigkeit zur primären und sekundären Wirtsschädigung herabgesetzt. Der Impfling macht eine künstlich hervorgerufene, klinisch inapparente Infektion durch.

Scheidet der Impfling das verimpfte Virus in großen Mengen aus, so kann seine Umgebung damit infiziert werden. Theoretisch besteht dann die Gefahr, daß sich bei Passagen des Impfvirus von Mensch zu Mensch die Pathogenität im Sinne einer Selektion von Rückmutanten wieder anreichert. Die ersten Impfungen mit dem Lebendimpfstoff gegen Polio sind unter dem Schatten dieses Risikos unternommen worden. Glücklicherweise hat sich in praxi niemals eine Pathogenitätssteigerung des Impfvirus ergeben. Die Ursachen hierfür sind unbekannt.

Man versteht unter Interferenz eine Beeinflussung der Wirtsempfänglichkeit für ein Virus A durch eine vorhergehende Infektion mit einem anderen Virus B. Die vorhergehende Virusinfektion mit B schützt die Zelle vor dem Angehen von A. Dieser Effekt hat nichts mit Antikörpern oder anderen Faktoren der erworbenen Immunität zu tun.	Interferenz
Bei der Häufigkeitsanalyse von vielen Infektionskrankheiten kann man feststellen, daß gewisse Viruskrankheiten einander quasi ausschließen. Beispiele: 1. Varicellen und Masern kommen sehr viel seltener zusammen vor, als man statistisch erwarten müßte. 2. Man findet bei vielen klinisch unauffälligen Personen im Rachen eine latente Adeno-Infektion. Bei Personen, die akut an Influenza erkrankt sind, ist die Isolierungsrate von Adeno-Viren aber viel geringer, als man es nach der Statistik erwarten müßte.	Epidemiologische Hinweise für das Phänomen der Interferenz

Experimenteller Nachweis der Interferenz in vivo

Es gibt einen neurotropen Gelbfieberstamm, der bei Affen eine relativ leichte Krankheit verursacht; die experimentell infizierten Affen überleben. Daneben gibt es einen viscerotropen Gelbfieberstamm, der bei Affen eine stets tödlich verlaufende Krankheit hervorruft. Infiziert man Affen zunächst mit dem schwach pathogenen neurotropen Stamm und anschließend mit dem stark pathogenen viscerotropen Stamm, so überleben die Tiere und zeigen keine Zeichen dafür, daß die zweite Infektion angegangen wäre.

Experimenteller Nachweis der Interferenz in vitro

1. Wenn man einen apathogenen Influenza-Stamm X auf eine Zellkultur verimpft, so kann man durch Hämadsorption zwar nachweisen, daß sich die Viren vermehren; die Infektion erzeugt jedoch keinen cytopathischen Effekt. – Ein anderer Influenza-Stamm Y bewirkt in einer gleichartigen Zellkultur jedoch einen deutlich ausgeprägten cytopathischen Effekt.
Versucht man eine bereits mit dem Stamm X infizierte Kultur zusätzlich noch mit dem Stamm Y zu infizieren, so entsteht nach Einbringung des Y-Virus in die Kultur kein cytopathischer Effekt; eine Virusvermehrung ist nur für das erstinfizierende Virus X, nicht aber für das zur „Superinfektion" vorgesehene Virus Y festzustellen.

2. Man beimpft eine Hühnerfibroblasten-Zellkultur mit einem Virus und brütet eine gewisse Zeit. Anschließend nimmt man die Nährlösung von der infizierten Zellkultur ab und befreit sie in der Ultrazentrifuge vom Virus. Der so gewonnene virusfreie Kulturüberstand wird auf eine neue Hühnerfibroblasten-Zellkultur gegeben. Kurz darauf infiziert man diese Kultur mit einem cytopathogenen Virus. Wegen der biologischen „Schutzwirkung" des Überstandes bleibt der zu erwartende cytopathische Effekt aus. Die nähere Untersuchung ergibt, daß sich das zur Infektion verwendete cytopathogene Virus nicht vermehrt hat. Es muß also ein im Überstand enthaltenes Prinzip den Zellrasen vor dem Angehen einer neuen Infektion geschützt haben. Dieses Prinzip wird „Interferon" genannt. Seine Isolierung und Charakterisierung ist gelungen. Es handelt sich um eine Reihe von Glycoproteinen.

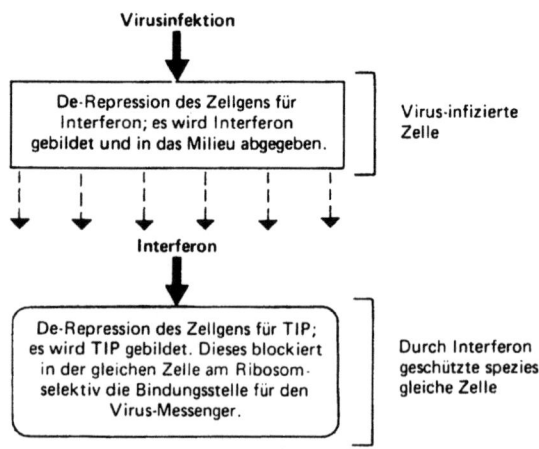

Interferon: Eigenschaften und Wirkungsmodus

Interferone sind Eiweißkörper mit einem M.G. von etwa 16000 bis 32000 und werden von der Zelle nach einer Virusinfektion sehr rasch gebildet und ins Milieu abgegeben. Sie entstehen somit wesentlich früher als Antikörper und verändern den Infektionsablauf schon innerhalb der ersten Stunden post infectionem. Interferon ist gegenüber freien, extracellulären Viruspartikeln unwirksam. Sein Angriffspunkt liegt vielmehr in der Wirtszelle: In Gegenwart von Interferon kann die Adsorption und die Penetration des Virus erfolgen, nicht aber dessen Vermehrung in der Zelle.

Die Derepressorfunktion des Interferons

Das Interferon wird von der virusinfizierten Wirtszelle nach der Penetration synthetisiert. Sein Bauplan ist auf dem Genom der Wirtszelle codiert; die Synthese wird vermutlich durch einen Derepressor-Mechanismus ausgelöst. Das Interferon beeinflußt die Virussynthese indirekt: Es wirkt seinerseits als Derepressor und öffnet in der Wirtszelle den Informationsfluß für die Synthese eines besonderen, translationshemmenden Proteins. Dieses wird als „Translation Inhibiting Protein" (TIP) bezeichnet; es blockiert die Bildung von Virus-Polysomen, nicht aber die von Zell-Polysomen. Kurz gesagt beruht die Interferenz auf einer Sequenz von mindestens zwei Entriegelungen der genomatischen Funktion: Der erste Derepressor entsteht nach der Viruspenetration. Er löst die Synthese des zweiten Derepressors in Gestalt von Interferon aus. Dieses wiederum bringt die Synthese des TIP in Gang.

Spezifität und Bedeutung des Interferons

Interferon ist im Hinblick auf seinen Wirkungsbereich nicht von der Art des induzierenden Virus, sondern nur von der Artzugehörigkeit der Wirtszelle bestimmt: Menschen-Interferon ist gegen viele Viren wirksam, aber nur dann, wenn Menschenzellen davon betroffen sind; gegenüber infizierten Schweinezellen bleibt es unwirksam. Vom Virus aus gesehen ist Interferon somit ein „unspezifischer", d.h. universell wirksamer Faktor. Von dem infizierten Organismus aus gesehen ist Interferon ein Wirtsspeciesspezifischer Faktor. Das Interferon blockiert in dem homologen Wirt die Synthese von nahezu allen Virusarten.

Im Organismus kommt dem Interferon die Aufgabe des „Sofortschutzes" zu. Das innerhalb von wenigen Stunden gebildete Interferon kann in der Zeit bis zum Erscheinen der Antikörper und der spezifisch reagiblen Lymphocyten die Ausbreitung der Infektion auf gesunde Zellen behindern. Virusinfektionen, die bei kurzer Inkubationszeit innerhalb der ersten Woche abklingen, werden vermutlich in ihrem Verlauf durch Interferon entscheidender beeinflußt als durch Antikörper. In diesem Zusammenhang sollen die Influenza und die Virusrhinitis erwähnt werden. Neben seiner Wirkung auf die virusinfizierte Zelle übt das Interferon eine aktivierende Wirkung auf die Effektorzellen des Abwehrsystems (Lymphocyten und Makrophagen) aus. – Es besteht die Aussicht, Interferon für die Therapie gewisser Virus-Erkrankungen einsetzen zu können.

D. Die onkogene Wirkung von Viren[7]

Entwicklung der Lehre von den Tumorviren

Im Jahr 1908 zeigten Ellermann und Bang, daß die spontan auftretende Hühnerleukämie durch ein filtrierbares Agens auf gesunde Tiere übertragen werden kann. – Rous demonstrierte 1911, daß das später nach ihm benannte Hühnersarkom bei gesunden Tieren entsteht, wenn man diesen zell- und bakterienfreie Filtrate aus Tumorgewebe verabreicht. – 1936 wies Bittner bei der Maus nach, daß ein Essentialfaktor für die spätere Entstehung des Mammacarcinoms durch Milch von der Mutter auf das Neugeborene übertragen wird; er postulierte als Träger dieser Aktivität ein Virus. – 1951 konnte Groß die Übertragbarkeit der Mäuseleukämie durch zellfreie Organextrakte demonstrieren; seit diesem Datum hat sich die Lehre von den onkogenen Viren stürmisch entwickelt. Dieser Wissenszweig hat die Ätiologie der bösartigen Tumoren in einem ganz neuen Licht erscheinen lassen; seine Beiträge bestimmen das heutige Bild von der Ursache der Geschwülste weitgehend. Vier Entdeckungen haben hierzu die Basis geliefert:
1. Die Erkenntnis, daß bei Säugetieren die Verimpfung von onkogenen Viren in der Regel nur dann zu Tumoren führt, wenn für den Infektionsversuch *immunologisch unreife*, neugeborene Tiere verwendet werden.
2. Die Beobachtung, daß sich die Verimpfung von onkogenen Viren nur dann verlässlich tumorerzeugend auswirkt, wenn das infizierte Tier eine bestimmte *genetische Konstitution* besitzt. Heute wird diese Tatsache stets berücksichtigt; es werden in der Regel Tiere aus besonders geeigneten Inzuchtstämmen verwendet.
3. Die Einsicht, daß die Bereitschaft, einen virusinduzierten Tumor zum Ausbruch kommen zu lassen, in vielen Fällen durch *Hormone* gesteigert, aber auch herabgesetzt werden kann.
4. Die Entdeckung der *Lysogenisierung* von Wirtszellen durch *temperente* Phagen.

Die unter 1–3 genannten Entdeckungen haben die entscheidende Rolle der Individualdisposition für die onkogene Wirkung von Viren erwiesen. Sie haben den Experimentator von den Launen des Zufalls befreit und die Erfolgsquote im Infektionsversuch gewaltig gesteigert. – Die Entdeckung der unter Punkt 4 genannten Lysogenie hat die Einsicht gebracht, daß die Erzeugung von Tumoren durch Viren nur dann verstanden werden kann, wenn man die konventionellen Vorstellungen über den Ablauf einer Infektion revidiert bzw. erweitert.

Unterschiede zwischen Normalzelle und Tumorzelle

Die Tumorzelle[8] unterscheidet sich von der Normalzelle in vielfacher Hinsicht. Ihre wichtigsten Merkmale sind:
1. **Typische Morphologie.** Heute ist es unbestritten, daß auch die einzelne Tumorzelle eine charakteristische, diagnostisch verwertbare Gestalt zeigt. Typisch ist z. B. die Umgestaltung der normalen Fibroblastenzelle durch ein Tumorvirus in eine polygonale Zelle (morphologische Transformation).

---

[7] Dieses Kapitel enthält nur wenig examenswichtigen Lehrstoff. Es wendet sich an den speziell interessierten Studenten und will insgesamt als fakultativer Lesestoff verstanden sein.

[8] Gemeint sind im folgenden bösartige Tumoren.

2. **Schrankenloses Wachstum.** Für die Verhältnisse *in vivo* ist das unkontrollierte, „autonome" Wachstum der spontan entstehenden Tumoren wohlbekannt. Tumorzellen, die von einem Tumorträger-Tier unter geeigneten Umständen auf ein gesundes Tier übertragen werden, vermehren sich im neuen Wirt ungehemmt; sie sind gegenüber regulativen Einflüssen des Gesamtorganismus offenkundig „blind".

In der *Kultur* hören bei normalen Zellen die Wachstums- und Teilungsvorgänge auf, sobald sich zwei benachbarte Zellen mit ihren Membranen berühren *(Kontakthemmung)*; der Zellrasen bleibt stets einschichtig. Demgegenüber zeigen Tumorzellen in vitro keine Kontakthemmung. Sie teilen sich nach der Membranberührung weiter und schieben sich dadurch übereinander; es bilden sich charakteristische, aus mehreren ungeordneten Schichten bestehende Haufen. In einem weichen Agar wachsen diese zu Kolonien aus.

Als Ausdruck einer durch äußere Einflüsse nicht mehr steuerbaren Wachstumstendenz kann auch die Tatsache gewertet werden, daß Tumorzellen selbst bei drastischer Herabsetzung des Serumgehaltes in den Nährmedien bis zu hohen Zelldichten hin proliferieren, während das Wachstum von Normalzellen unter diesen Bedingungen relativ früh aufhört. Die Tumorzelle ist also in gewissem Sinne „anspruchsloser" als die Normalzelle.

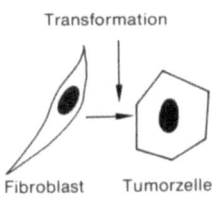

Fibroblast   Tumorzelle

Normalzellen
(einschichtig)

Tumorzell-Haufen
(mehrschichtig)

3. **Auftreten neuer Antigene.** Diese sitzen z.T. auf der Zelloberfläche. Man unterscheidet die vom Zellgenom abhängigen Embryonal-Antigene von den virusspezifischen Antigenen. Zu diesen zählen das intracelluläre *T (Tumor)-Antigen* und das oberflächlich liegende *transplantationsaktive Tumor-Antigen*. „Transplantationsaktiv" sind diejenigen Antigene, welche bei Übertragung des Tumors auf ein gesundes Tier aus dem gleichen Inzuchtstamm (syngenetische Übertragung, s. S. 33) eine celluläre Immunreaktion induzieren, die der Transplantat-Abstoßreaktion analog ist. Die Membranen von Zellen, die durch Oncorna-Viren transformiert werden, enthalten außer den transplantationsaktiven Glycoprotein-Antigenen noch andere, davon verschiedene Protein-Antigene, die sonst im Virion vorkommen (z.B. das Protein P30). Dieses Antigen ist allerdings auch in normalen Zellen enthalten. Dies widerlegt aber die Annahme seiner Codierung durch das Virusgenom nicht: Es können nämlich auch nicht-transformierte, „normale" Zellen Virusgenom-Stücke enthalten (s. S. 44).
4. **Demaskierte Membranreceptoren.** Die Tumorzelle kann durch Lectine (Concanavalin A) agglutiniert werden. Die dafür verantwortlichen Receptoren sind bei der normalen Zelle zwar auch vorhanden; sie können bei der Mitose oder nach nicht-onkogenen Virusinfektionen demaskiert werden. Bei der

Tumorzelle sind sie als Folge eines tiefgreifenden Membranumbaues aber ständig zugänglich und reagibel.

Transformation

Man kann die vielfältigen, vom Normalen abweichenden Eigenschaften der Tumorzelle zusammenhängend nur dadurch erklären, daß man sie auf entsprechende Änderungen des Zellgenoms zurückführt. Innerhalb einer Population von normalen Zellindividuen entsteht eine Tumorzelle somit durch eine Änderung der DNA-Struktur; diese kann in einem oder in mehreren Schritten erfolgen. Man bezeichnet die Umwandlung einer Normalzelle in eine Tumorzelle als Transformation. Der klinische Ausdruck „Malignisierung" ist unscharf und wird in der Tumorforschung nicht benutzt.

Denkbare Mechanismen der Transformation

Als Möglichkeiten für die zur Transformation führende Genomänderung kommen in Betracht:
1. *Die spontane Mutation.*
2. *Die chemisch oder physikalisch induzierte Mutation* (mutagene Stoffe, Strahlen).
3. *Der Empfang von genetischem Material* aus einer bereits transformierten Zelle und dessen Dauerintegration. Hier ist theoretisch an solche Prozesse zu denken, die der Übertragung von episomalem Material (Sexduktion) oder der Konjugation bei Bakterien analog sind.
4. *Der* **Befall durch Virus.** Hier sind besondere Bedingungen erforderlich: Nicht jede Virusinfektion führt zur Transformation. – Während die unter 1–3 aufgezeigten Mechanismen dem Experiment schwer zugänglich sind, ist die Transformation durch Viren heute leicht durchzuführen; sie bietet bei geeigneter Auswahl des Tiermaterials und des Virusstammes übersichtliche Verhältnisse. Die experimentell erzeugten Virustumoren spielen in der Erforschung der Krebsätiologie heute weitaus die wichtigste Rolle.

Cytocider und nicht-cytocider Viruseffekt – Die onkogene Situation

In den meisten Fällen führt die Infektion mit einem pathogenen Virus zum Tod der befallenen Zelle (cytocider Infektionsablauf (s. S. 21). Es ist einleuchtend, daß unter den Bedingungen eines derartigen Infektionsablaufes eine Transformation nicht möglich ist: Ein Tumor kann durch eine Virusinfektion logischerweise nur dann entstehen, wenn die Zelle die Infektion überlebt. Darüberhinaus muß das Virus Gelegenheit haben, in der Zelle permanente und weitergabefähige Veränderungen am Genom zu bewirken. Sind diese Vorbedingungen gegeben, so spricht man von der *onkogenen Situation.*

Experimentelle Transformation

Im Experiment kann man die onkogene Situation durch zwei Grundversuche herbeiführen:

a) *Transformation in vivo.* Man verabreicht dem lebenden Tier eine möglichst hohe Dosis des als onkogen angesehenen oder bekannten Virusstammes. Mit diesem Verfahren sind die Pionierarbeiten ausgeführt worden. Das onkogene Spektrum ist bei manchen Viren sehr breit und umfaßt dann zahlreiche Tierspecies (Polyoma-Virus); manchmal ist das onkogene Spektrum aber sehr eng und bezieht sich nur auf einzelne Inzuchtstämme bestimmter Tierarten. Bei Säugern und bei Vögeln ergibt die Infektion des erwachsenen Tieres nicht regelmäßig einen Tumor: Es müssen zur Erzielung einer hohen Erfolgsquote neugeborene Tiere verwendet werden. Desgleichen erweist es sich gelegentlich als notwendig, Inzuchtstämme zu benutzen und/oder die Versuchstiere mit Hormonen vorzubehandeln (Sexualhormone, Cortison).
b) *Transformation in vitro.* Man infiziert eine geeignete Zellkultur mit einem onkogenen Virus. Ein gewisser Anteil der befallenen Zellen wird dann transformiert. Die Zellen zeigen dann die typischen in vitro überprüfbaren Transformationsmerkmale, wie z. B. den Verlust der Kontakthemmung.

Als schärfstes Kriterium des Transformationserfolges gilt in der Experimentalforschung nach wie vor die Fähigkeit der behandelten Zellkultur, nach Übertragung auf ein syngenetisches Tier[9] dortselbst zum Tumor auszuwachsen; dies gelingt nicht bei allen Zellen, die in-vitro die typischen Zeichen der Transformation zeigen. – Bei der Transformation von menschlichen Zellen durch Infektion einer Kultur muß man naturgemäß auf den Übertragungsversuch verzichten. Der Transformationserfolg darf hier nur anhand derjenigen Merkmale beurteilt werden, die in vitro dargestellt werden können (Agglutinabilität durch Lectine usw.).

Permissives und nicht-permissives Verhalten der Wirtszelle

Befällt ein Tumorvirus einen Wirt, so kann sich das Überleben der transformierten Zelle in zwei Formen abspielen:
1. *Transformation permissiver Zellen.* Die Zelle produziert in Permanenz intakte, infektiöse Viruspartikel und schleust sie aus, ohne daß ihre Lebens- und Vermehrungsfähigkeit herabgesetzt ist. Sie zeigt im übrigen alle Kennzeichen der Tumorzelle (produktive Transformation).
2. *Transformation nicht-permissiver Zellen.* Das eingedrungene Virus verschwindet mit dem Beginn der Eklipse und taucht nicht wieder auf („Eklipse ohne Ende"). Gleichzeitig zeigt die virusfreie Zelle die typischen Anzeichen der Transformation (nichtproduktive Transformation).
Die auf diese Weise bewirkte Transformation ist bei einigen Zellen labil, d. h. sie verliert sich nach einigen Generationen (abortive Transformation). In anderen Fällen ist die Transformation stabil und damit endgültig.
Bei den Nachkommen einer nicht-produktiv und endgültig

---

[9] Zwei Tiere sind *syngenetisch,* wenn sie vollkommen gleiche Erbanlagen haben. Dies trifft für eineiige Zwillinge und für Tiere von bestimmten Inzuchtstämmen zu.

transformierten Zelle fällt der Versuch, infektiöses Virus nachzuweisen, stets negativ aus, wenn man die üblichen Versuchsanordnungen wählt; das transformierende Virus scheint in seiner intakten Form ein für allemal „verschwunden" zu sein. Daß es aber weiterhin latent in der Zelle vorhanden ist und wirksam bleibt, kann man mit bestimmten Kunstgriffen nachweisen.

Molekularer Mechanismus der viralen Transformation

Um das Schicksal des in die Zelle eingedrungenen Onkogenvirus und den Modus seiner transformierenden Wirkung darzustellen, müssen die Situationen der nicht-produktiven und der produktiven Transformation analysiert werden.

1. *Transformation ohne Virusproduktion.* Die Nucleinsäure des Tumorvirus wird nach dem „uncoating" in das Genom der nicht-permissiven Wirtszelle in ähnlicher Weise incorporiert, wie das bei der Lysogenisierung von Bakterien durch temperente Phagen der Fall ist: Es erfolgt durch covalente Bindung die *Vereinigung von Virusgenom und Zellgenom*. Das integrierte („eingemeindete") Virusgenom ist damit zum **„Provirus"**, d.h. zum Analogon des Prophagen geworden. Es redupliziert sich nur noch im Zusammenhang mit der Reduplikation des Zellgenoms.

Das Virusgenom verliert durch seine Integration zwar die Fähigkeit, seine Autoreduplikation zu induzieren; es behält aber sein Vermögen, Informationen zur Synthese von virus-

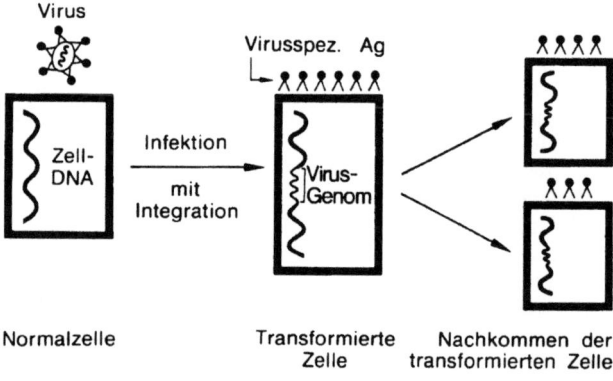

spezifischen Proteinen an die Ribosomen der Zelle zu übermitteln. Außerdem bewirkt das integrierte Virusgenom eine funktionelle Änderung des gesamten Zellgenoms durch Beeinflussung der genomatischen Regulationsvorgänge: Der Gehalt der vom eigentlichen Zellgenom abgehenden Information wird

durch die Bindung des Virusgenoms tiefgreifend verändert. Als Resultat ergibt sich damit:
a) Das integrierte Virusgenom (Provirus) induziert die Synthese von virusspezifischen Proteinen. Diese erscheinen als virusspezifische Antigene im Inneren der Zelle und auf deren Oberfläche quasi als „Fußspuren" des „untergetauchten" Virus. Oftmals ist jedoch das Provirus hinsichtlich seiner Transcription weitgehend oder gänzlich inaktiv; es erscheinen dann wenige oder gar keine virusspezifischen Antigene.
b) Das wachstumsphysiologische Verhalten der Zelle ändert sich ebenso fundamental, wie die Anordnung der wirtszellspezifischen Membranbausteine: Die Zelle „benimmt sich maligne".

Die Incorporierung des Virusgenoms ins Zellgenom erfolgt bei RNA-Tumorviren nach heutigen Vorstellungen indirekt: Durch die im Virion enthaltene reverse Transcriptase wird von der Virus-RNA ausgehend eine hierzu komplementäre einsträngige DNA hergestellt. Diese dient dann als Matrize für die Herstellung eines ihr komplementären zweiten DNA-Stranges; beide DNA-Stränge bilden dann eine doppelsträngige DNA. Diese lagert sich als informatorisches Äquivalent der Virus-RNA an das Zellgenom an und wird integriert.

2. *Transformation mit Virusproduktion.* Früher war nicht klar, auf welche Weise man die Beobachtung erklären sollte, daß bestimmte Zellen nach der Infektion mit Tumorviren permissiv transformiert werden, während bei anderen Zellspecies eine nicht-permissive Transformation zustande kommt. Heute weiß man, daß auch bei der permissiven Transformation eine Incorporierung der Virusnucleinsäure in das Zellgenom erfolgt. Der Unterschied liegt in folgendem: Im nicht-permissiven System wird das für die Nucleinsäurereduplikation maßgebliche Stück des integrierten Virusgenoms reprimiert, während im permissiven System keine derartige Repression vorliegt: Hier dient das integrierte Virusgenom auch als Informationsträger zur Erzeugung von viraler Tochternucleinsäure; es wird damit zum Ausgangspunkt für die Synthese von reifen Viruspartikeln.

Diese Überlegungen gelten im Hinblick auf das permissive System nicht nur für die onkogenen DNA-Viren, sondern auch für die onkogenen RNA-Viren. Man hat zeigen können, daß die Oncorna-Viren ihre Autoreduplikation mit Hilfe der reversen Transcriptase stets über ein entsprechend codiertes DNA-Spiegelbild bewerkstelligen; dies geschieht auch dann, wenn die permissive Infektion nicht zur Transformation führt (z.B. bei nicht tumorerzeugenden Helferviren). Bei den Oncorna-Viren ähnelt die Virus-RNA im gewissen Sinne einer cellulären m-RNA: Ihre Synthese ist von einem Transcriptionsschritt abhängig und kann im Gegensatz zu den Verhältnissen, wie sie für das Polio-Virus gelten, durch Actinomycin D unterdrückt werden.

Die transformierende Funktion der Virusnucleinsäure beruht somit beim permissiven und beim nicht-permissiven Typ der Tumorerzeugung auf dem gleichen Prinzip der Integration. Ob eine Infektion mit einem onkogenen Virus produktiv oder nicht-produktiv verläuft, ergibt sich jeweils nach der Art des Wirtszellgenoms und nach den Eigenschaften der Virusnucleinsäure aus deren funktionell-regulatorischem Zusammenspiel: Bei starker Repression des integrierten Virusgenoms entsteht eine nichtpermissive Tumorzelle mit einem Minimum an virusspezifischen Proteinen im Sinne einer merkmalsarmen, „virusfreien" Tumorzelle. Wird die Repression des Virusgenoms lückenhaft, so bleibt es noch immer beim nicht-permissiven Typ; es treten aber mehr oder weniger reichlich virusspezifische Antigene als „Fußspuren" auf. Wird schließlich die Repressionsbreite noch weiter reduziert, so entsteht eine Tumorzelle vom permissiven Typ.

In Ergänzung zu dem eben skizzierten Schema muß noch darauf hingewiesen werden, daß bei gewissen, nicht-permissiven Tumorzellen die Unfähigkeit zur Synthese von viralen Tochternucleinsäuren oder von virusspezifischen Proteinen nicht auf einer Repression, sondern auf einem Defekt des integrierten Virusgenoms beruht.

Molekularbiologische Details: Transformation durch SV-40- und Polyoma-Virus

Die Kenntnis der eben geschilderten Vorgänge verdankt man vornehmlich Untersuchungen, die mit dem SV 40- und dem Polyoma-Virus unternommen worden sind. Dabei hat sich herausgestellt, daß ein einziges Viruspartikel pro Zelle zur Transformation genügt. Allerdings beträgt die Ausbeute an stabil transformierten Zellen auch bei günstigen Verhältnissen selten mehr als 40%. – Für die Transformation ist nicht die gesamte Länge der Virus-DNA erforderlich: Auch defekte Virusmutanten können transformieren. Die ringförmige Struktur des Virusgenoms ist allerdings zur Transformation unerläßlich. – Schließlich ist es gelungen, den transformierenden Genabschnitt auf dem Virusgenom zu lokalisieren, seine Größe zu bestimmen und mit ihm allein Zellen zu transformieren. Die Chromosomen der Wirtszelle, welche das Virus-Genom aufnehmen, sind für das SV 40-Virus bekannt. – Die Transformation wird unmittelbar nach dem „uncoating" vollzogen. – Der vom integrierten Virus ausgehende Informationsfluß ist nicht nur für die Synthese der virusspezifischen Antigene unerläßlich, sondern auch für das unkontrollierte Wachstum und den abartigen Membranbau: Es gibt Mutanten des Polyoma- und des SV 40-Virus, bei denen der Informationsfluß von der DNA nur bei niederer Temperatur in Gang kommt. Werden Wirtszellen durch diese Virusmutante transformiert, so benehmen sie sich nur bei niederen Temperaturen wie Tumorzellen; bei höheren Temperaturen verlieren sie ihr „malignes" Verhalten. Damit scheint es erwiesen zu sein, daß bei der Transformation eine Kooperation zwischen Zellgenom und integriertem Virusgenom obligat ist: Das Virusgenom muß zur Aufrechterhaltung der Transformation dauernd integriert bleiben. Eine Transformation, bei der das Virus nur einen einmal wirkenden Anstoß gibt und nachher entbehrlich wird, ist bisher nicht bekannt geworden.

Autonomisierung des Provirus (Virusinduktion)

Bei lysogenen Bakterien kann der Prophage durch UV-Bestrahlung autonomisiert werden (Phageninduktion). Es kommt hierdurch zu einer von der Wirtszelle nicht mehr kontrollierten Reduplikation der Phagen-DNA und zur Synthese von kompletten Phagenpartikeln. – In transformierten Zellen des nicht-produktiven Typs kann das integrierte Virusgenom (Provirus) gleichermaßen autonomisiert werden.

Zur Induktion stehen hier folgende Methoden zur Verfügung:
1. *Einfache Co-Kultivierung.* Die Tumorzelle wird in einer Mischkultur mit einer andersartigen Zelle aus dem Wirtsspektrum des Virus zusammengebracht. Bei geeigneter Auswahl der Partnerzelle erfolgt eine Autonomisierung des Virus in der Tumorzelle. Das Virus infiziert dann die Partnerzelle und vermehrt sich dort im cytociden Cyclus. Das so erhaltene Virus kann isoliert und im Transformationsversuch u. U. wieder zum „Verschwinden", d. h. zur Integration gebracht werden.
2. *Hybridisierung durch Co-Kultur.* Die Tumorzelle wird mit permissiven Partnerzellen co-kultiviert. Durch besondere Maßnahmen kann man eine Hybridisierung beider Zellspecies erzielen, z. B. durch Zugabe von inaktivierten Myxo-Viren oder von Lysolecithin. Es entstehen dann mehrkernige Fusionierungsprodukte. Hierdurch wird eine Autonomisierung des Virus erreicht. Das in den Hybriden induzierte Virus infiziert dann die nicht hybridisierten Partnerzellen und vermehrt sich dort in der Regel im cytociden Cyclus. Man überimpft dann auf eine Reinkultur der Partnerzellen und kann das Virus isolieren.
3. *Induktion durch Helferviren.* Man infiziert die Tumorzellkultur mit einem zweiten Virus. Dieses „Helfervirus" autonomisiert die Virusnucleinsäure und liefert ihr das eigene Capsid- bzw. Hüllmaterial quasi als „geborgte Bekleidung". Die Tumorzelle erzeugt dann zweierlei Viruspartikel, nämlich einerseits diejenigen des Helfervirus und andererseits Hybride (s. S. 12); es sind dies solche Partikel, welche aus der Nucleinsäure des Tumorvirus und dem Verpackungsmaterial des Helfervirus bestehen („Wolf im Schafspelz"). Einige Helferviren liefern dem defekten Tumorvirus wahrscheinlich auch Nucleinsäurebruchstücke im Sinne der Genomergänzung (Komplementation). Die Induktion durch ein Helfervirus deutet bei Versagen der übrigen Induktionsmethoden darauf hin, daß die Virusnucleinsäure bei ihrer Integration defekt war und daß der Defekt durch das Helfervirus kompensiert wird.
4. *Chemische Induktion.* Bei einigen Tumoren wirken UV-Strahlen oder Mitomycin D oder Brom-Desoxyuridin autonomisierend: Die Virussynthese kommt in Gang.

Mißlingt die Autonomisierung des vermuteten Tumorvirus durch Co-Kultivierung bzw. Hybridisierung, so kann die Virusnatur des untersuchten Tumors noch nicht ausgeschlossen werden: Es bleibt immer die Möglichkeit, daß der Experimentator an den besonderen Bedingungen der Autonomisierung „vorbeigeschossen" hat. Die Virusnatur des Tumors kann in diesen Fällen gegebenenfalls mit zwei Methoden wahrscheinlich gemacht werden:

Andere Möglichkeiten zum Nachweis des integrierten Virusgenoms

1. Durch den Nachweis, daß die Tumorzelle ein Antigen enthält, welches mit einem virusspezifischen Antikörper reagiert. – Dieser Beweis kann durch die fluorescenzserologische Färbung von Tumorzellen mit einem geeigneten Antiserum erbracht werden. – Man kann auch ein Tier, welches für die Tumorimplantation empfänglich ist, mit Virusmaterial immunisieren und anschließend Tumormaterial einpflanzen. Die Abstoßung des Implantates gilt als Beweis für die immunologische Beziehung des Tumors zum Virus.
2. Durch den positiven Nucleinsäure-Hybridisierungsversuch. – Man stellt sich Tumorzell-DNA her und überführt sie in die einsträngige

Form. Man bietet der so präparierten Zell-DNA eine einsträngige und isotopenmarkierte DNA bzw. RNA an, die aus einem hochgereinigten Präparat des in Verdacht stehenden Virus stammt. Man stellt dann fest, in welchem Ausmaß die Tumorzell-DNA ihr „Spiegelbild" in Gestalt von „heißer" Virusnucleinsäure bindet. Bei ausgedehnter Bindung kann man auf das Vorliegen von virusspezifischen Nucleotidsequenzen in der cellulären DNA schließen. Anschließend kann man noch versuchen, ob eine aus dem Tumorzellmaterial stammende RNA mit der Virusnucleinsäure hybridisiert. Ist das der Fall, so kann man annehmen, daß die im Zellgenom enthaltene virusspezifische DNA informatorisch aktiv ist und m-RNA bildet. – Die Beweisführung durch Hybridisierung der Nucleinsäuren hat bei der Untersuchung des Epstein-Barr-Virus hinsichtlich seiner Beziehung zum Burkitt-Lymphom eine große Rolle gespielt.

Schicksal der in vivo transformierten Zelle

Ist im Organismus eine einzelne Zelle transformiert worden, so entsteht deshalb nicht notwendigerweise ein Tumor. Aller Wahrscheinlichkeit nach ist die Transformation einzelner Zellen im lebenden Organismus sogar ein relativ häufiges und meistens folgenloses Ereignis. Die entgleisten Zellen werden nämlich durch das celluläre Immunsystem in der Regel als „fremd", d.h. als nichtkonform erkannt und vernichtet. Die Kontroll- und Eliminierungsfunktion des Immunsystems („tumor surveillance system") versagt nur unter besonderen Umständen, beispielsweise dann, wenn sich abseits des immunologischen Zugriffbereiches („immunologische Nische") eine größere Masse von Tumorzellen bildet, wenn das Humoralsystem die Tumorzellen vor den cellulären Abwehrelementen schützt („enhancing effect") oder wenn das Immunsystem durch das Virus in seiner Aktivität gehemmt wird. Bei immunologisch unreifen Tieren besteht die Möglichkeit, daß sich gegen die Tumorantigene eine Toleranz herausbildet. Dies ist vermutlich der Grund, warum die Tumorinduktion mit Viren bei neugeborenen Tieren leichter vonstatten geht als bei erwachsenen Individuen: Durch Toleranzinduktion unterläuft der Tumor die immunologische Überwachung.

Bedeutung der bisher bekannten Tumorviren für die Humanpathologie.

Bei der Mehrzahl der im folgenden aufgezählten Tumorviren ist der Mensch im Spektrum der jeweils onkogen reagierenden Wirtsorganismen nicht enthalten. Dementsprechend bezieht sich die folgende Systematik vornehmlich auf Viren, die aus dem Tierreich stammen. Onkogene Viren sind bei spontan entstehenden Tiertumoren als ätiologisches Agens erkannt worden (Beispiel: Rous'sches Hühnersarkom) oder aber sie sind in nichttransformierten Zellen als cytopathogener Krankheitserreger oder gar zufällig gefunden worden und haben sich erst im Experiment als onkogen erwiesen wie das SV 40-Virus. Beim Menschen ist die Beweisführung für die virogene Natur der Tumoren schwierig, weil sich der Übertragungsversuch auf den lebenden Wirtsorganismus verbietet. Als Hilfsmittel bleiben meist nur die Elektronenmikroskopie, die Serologie und evtl. der Versuch der Nucleinsäurehybridisierung. Als Fernziel wünscht man sich eine Möglichkeit, das Tumorvirus zu autonomisieren, es in permissiven Zellen zur Vermehrung zu bringen und mit ihm Humanzellen in vitro zu transformieren; dies ist bislang bei keinem der menschlichen Malignome gelungen. Erschwert wird die Situation der Humanmedizin auch durch die Tatsache, daß ein Kollektiv von Menschen im Vergleich zu den in der Forschung verwendeten Tierstämmen genetisch extrem uneinheitlich ist. Zur Tumorentstehung gehört aber neben dem onkogenen Virus noch eine geeignete Veranlagung der Wirtszelle. Dies geht aus der Tatsache hervor, daß bestimmte Viren ihre onkogene Wirkung regelmäßig nur dann entfalten können, wenn ein genetisch einheitlicher Inzuchtstamm zur Verfügung steht.

I. Onkogene DNA-Viren

1. *Die Papova-Viren*
   a) SV 40
   b) Polyoma-Virus
   c) Papillom-Virus (Mensch, Kaninchen u.a.)

2. *Tumorerzeugende Adeno-Viren*
   Typ 7, 12, 18 u.a.

3. *Tumorerzeugende Herpes-Viren*
   a) Virus der Marek'schen Geflügellähme
   b) Frosch-Adenocarcinom-Virus
   c) Verschiedene Affenleukämie-Viren (H. saimiri, u.a.)
   d) Epstein-Barr-Virus des Menschen (?)
   e) Herpesvirus hominis Typ II (?)

4. *Tumorerzeugende Pocken-Viren*
   a) Kaninchen-Fibrom-Virus
   b) Kaninchen-Myxom-Virus
   c) Yaba-Pocken-Virus des Affen
   d) Molluscum contagiosum des Menschen

II. Onkogene RNA-Viren (Oncorna-Viren)

1. *C-Partikel*
   a) Das Rous-Sarkom-Virus
   b) Die Geflügelleukämie-Viren
   c) Die Mäusesarkom- und Mäuseleukämie-Viren
   d) Viele weitere Sarkom- und Leukämie-Viren der Säugetiere (vor allem der Affen), des Geflügels und der Reptilien.

2. *B-Partikel*
   a) Der Bittnersche Milchfaktor und weitere Viren bei Säugetieren.

Übersicht über tumorerzeugende Viren

Die onkogenen DNA-Viren

Unter den DNA-Tumorviren finden sich extrem *einfach gebaute* Partikel, wie die Papova-Viren, neben den *hochkomplizierten* Gebilden der Herpes-Gruppe. Besonders einfach gebaut ist das Virion bei SV 40 und bei dem Polyoma-Virus. Diese Viren werden in der experimentellen Tumorforschung mit Vorliebe verwendet. Beide enthalten eine ringförmige DNA mit dem relativ geringen Informationsgehalt für etwa 8 Polypeptide zu je 200 Aminosäuren. Der Informationsgehalt der Adeno-Viren ist 10mal und derjenige der Herpes-Viren ist 30mal größer. Die Papova-Viren transformieren in der Regel nicht-permissive Zellen; SV 40- und Polyoma-Virus sind die typischen Beispiele für die Transformation bei gleichzeitigem Verschwinden des Virus und Auftreten von „Fußspuren".

Die Papova-Viren

Die Bezeichnung „Papova" ist ein Kunstwort. Die Gruppe der Papova-Viren enthält das **P**apillom-Virus, das **Po**lyoma-Virus und das **Va**cuolisierende Virus mit der Bezeichnung SV 40. Morphologisch zeigen die Viren dieser Gruppe eine Polyederform mit maulbeerartiger Außenstruktur. Sie werden im folgenden gemäß ihrer Bedeutung für die Krebsforschung aufgezählt.

1. Das *Vacuolisierende Virus SV 40* (Simian-Virus) erzeugt bei Nagetieren Sarkome, Herztumoren und Nierentumoren. Bevorzugtes Versuchstier für die Tumorerzeugung ist der Hamster. Bei Rhesus-Affen unterhält das Virus fast stets eine latente, nicht onkogene Infektion. Präparate von Polio-Virus aus Affennierenzellen enthalten deshalb oft SV 40-Virus. Früher enthielten sogar einzelne Chargen des Polio-Impfstoffes nach Salk vermehrungsfähiges SV 40-Virus. Die strengen Überwachungs- und Prüfvorschriften für Polio-Impfstoffe haben zur Entdeckung des SV 40-Virus wesentlich beigetragen. Heute hat man Methoden entwickelt, um Polio-Impfstoffe herzustellen, die frei von SV 40-Virus sind. Beim Menschen erzeugt das SV 40-Virus glücklicherweise keine Tumoren.
2. Das *Polyoma-Virus* erzeugt bei sehr breitem Wirtsspektrum eine große Vielfalt von bösartigen Geschwülsten in verschiedenen Organen.
3. Das *Papillom-Virus* erzeugt beim Kaninchen gutartige Papillome, die in Carcinome übergehen können.
4. Das *Virus der infektiösen Warzen* des Menschen (Verruca vulgaris). Bisher sind 4 serologische Typen bekannt geworden: Typ 1 kommt in etwa 50% der Warzen, Typ 4 in 22% vor; Typ 2 und 3 sind seltener. Larynx-Papillome und Condyloma acuminata werden durch andere Papillom-Viren hervorgerufen. Während die banalen Warzen stark virushaltig sind, findet man bei den anderen (gutartigen) Tumoren nur ganz wenig Viruspartikel. Interessanterweise werden im Verlauf nur Larynx-Papillome und die Condylomata acuminata bösartig.

Adeno-Viren

Viele Adeno-Viren erzeugen im Tierexperiment, z.B. beim Syrischen Goldhamster, Sarkome. Hamsterzellen können aber auch in vitro transformiert werden. Für Menschen scheint die Gruppe der Adeno-Viren nicht onkogen zu sein. Die entsprechenden Hybridisierungsexperimente mit DNA aus den verschiedensten menschlichen Tumoren und DNA aus Adeno-Virus sind jedenfalls negativ verlaufen.

Die altbekannte Tatsache, daß cytopathogene Herpes-Viren bei Mensch und Tier vorkommen (Herpesvirus hominis, Herpesvirus simiae u.a.) und häufig eine occulte, lebenslang währende Infektion hervorrufen, legt den Gedanken nahe, daß sie für gewisse Tumoren des Menschen verantwortlich sein könnten. In den letzten Jahren haben sich Hinweise dafür ergeben, daß gewisse Vertreter dieser Gruppe, wenn nicht tumorerzeugend, so doch potentiell tumorerzeugend bzw. tumorfördernd wirken mögen.

Herpes-Viren

Das Virus der als *Marek*'scher Geflügellähme bezeichneten Tumorkrankheit ist ein typisch aufgebautes Herpes-Virus. Durch Immunisierung mit dem nicht tumorerzeugenden Puten-Herpes-Virus kann man das Entstehen der Marek'schen Lähme verhindern. – Bei vielen Affenarten hat man Herpes-Viren entdeckt, die Lymphome oder Leukämien hervorrufen können.

Das **Epstein-Barr-Virus** ist der Erreger der infektiösen Mononucleose und vielleicht der Erreger des Burkitt-Tumors (s.d.). – Beim serologischen Typ II des menschlichen Herpes-Virus vermutet man Beziehungen zum Cervixcarcinom der Frau. Nach uv-Inaktivierung transformieren Herpes-Virus und Cytomegalie-Virus in vitro Hamsterzellen.

Unter den Oncorna-Viren gibt es keine einfach strukturierten Partikel etwa nach Art der Papova-Viren: Alle Oncorna-Viren sind kompliziert aufgebaut. Sie enthalten in ihrer als *C-Partikel* bezeichneten Ausprägung einen runden Innenkörper mit der RNA in Form eines schlauchförmigen, helicoidal angeordneten Nucleocapsids; dieser Innenkörper ist von einem Innenkörper-Zweitcapsid umgeben. Weiter außen liegt eine Hülle. Das Zweitcapsid und die Hülle zeigen jeweils knopfartige Strukturen. Elektronenoptisch unterscheidet man neben dem C-Partikel noch das etwas einfacher gebaute *B-Partikel* mit seinem exzentrisch gelegenen Innenkörper. Der Ausdruck *A-Partikel* wird für Vorstufen benutzt, die bei der intracellulären Reifung des C-Virions auftreten. Ihre Bedeutung wird z.Zt. noch diskutiert.

Die onkogenen RNA-Viren.
C-Partikel

Die RNA eines C-Partikels besitzt einen Informationsgehalt, der theoretisch für die Synthese von 50 Polypeptiden zu je 200 Aminosäuren ausreicht. Als Vergleich sei daran erinnert, daß die Papova-Viren die Information für höchstens 8 Polypeptide enthalten. Im C-Partikel findet man nach dessen Aufschließung 17 verschiedenartige Proteine. Alle C-Partikel enthalten die aktive Form der *reversen Transcriptase*. Bei Fehlen des Enzyms (Mutanten) sind die Partikel nicht infektiös. Das Oncorna-Virion enthält neben virusspezifischen Bestandteilen auch zellspezifische Aufbauelemente. Dies ist für die Antigenität der von ihm induzierten Tumoren wesentlich.

Antigene des C-Partikels

Die Antigene, die im Virion der C-Partikel enthalten sind, lassen sich in drei Kategorien einteilen:
1. *Typenspezifische Antigene.* Sie liegen innerhalb der Außenstruktur des Virions und sind für die verschiedenen Virustypen, die eine gegebene Wirtsgattung (z.B. das Huhn) infizieren können, jeweils verschieden.
2. *Die Species-spezifischen Antigene.* Als „Species" bezeichnet man in diesem Zusammenhang die Gesamtheit all derjenigen C-Partikel, welche für eine Wirtsgattung (z.B. für die Maus) onkogen sind. Neben den typenspezifischen Antigenen tragen alle Viren ein für ihre „Species" charakteristisches, gemeinsames Antigen (Spezies-spezifisches Antigen). Beispiel: das Großsche Mäuseleukämie-Virus und das Moloney-Virus des Mäusesarkoms haben verschiedene Typen-Antigene, aber ein gemeinschaftliches Spezies-Antigen. – Das Spezies-spezifische Antigen liegt innerhalb der Innenstruktur des Virions.
3. Das sog. *Interspecies-Antigen.* Es kommt bei allen denjenigen C-Partikeln vor, die einer der säugetierpathogenen Gruppen angehören und ist im Innenkörper lokalisiert. Beispiele: Das Virus des Katzensarkoms und dasjenige der Mäuseleukämie haben verschiedenartige Typen-Antigene, verschiedenartige Spezies-spezifische Antigene aber ein gemeinschaftliches Interspecies-Antigen. Andererseits hat das Virus des Mäuselymphoms mit dem Virus des Rous'schen Hühnersarkoms keinen einzigen Baustein gemeinsam: Weder das typenspezifische, noch das Spezies-spezifische, noch das Interspecies-Antigen des Mäusevirus kommt beim Rous-Sarkom-Virus vor.

Die Gene des C-Partikels

Nach der Entdeckung der reversen Transcriptase und deren Rolle bei der Integration der RNA-Viren in das Wirtsgenom hat man sich mit der Genomkartierung von C-Partikeln befaßt; insgesamt gesehen kann man folgende Gene unterscheiden:
1. sarc-Gen   (transformierend, Sarkom-erzeugend)
2. leu -Gen (?) (Leukämie-erzeugend)
3. pol -Gen   (Reverse Transcriptase)
4. env -Gen   (Hüll-Glykoproteine)
5. gag -Gen   (codiert ein precursor-Protein; liefert kleinere Bruchstücke, z.B. P30; s. S. 31).

Wichtig erscheinen die Befunde über das Vorhandensein des sarc-Gens in den Zellen von zahlreichen Tierspecies, u.a. auch beim Menschen.

Das Rous-Sarkom-Virus

Das *Rous-Virus* erzeugt beim Huhn im Sinne der produktiven (permissiven) Onkogenie Sarkome. Es kann aber bei der Infektion von Zellkulturen auch eine nicht-permissive Transformation erzielt werden, sofern man bestimmte Zell- und Virusstämme verwendet. In diesem Fall lassen sich in der Zelle virusspezifische Capsid-Antigene finden; außerdem kann man in diesen Tumoren eine 70 S-m-RNA mit virusspezifischer Basensequenz und eine reverse Transcriptase nachweisen.

Das Virus der Hühnerleukämie

Es gibt bei den Viren der Hühnerleukämie zahlreiche Typen. Ihre Antigenstruktur ist gut bekannt. Interessanterweise findet man auch in ganz normalen Geflügelzellen stets virusspezifische Antigene. Dies deutet darauf hin, daß alle Geflügelrassen unabhängig davon, ob ein Tumor vorhanden ist oder nicht, mit diesem Virus behaftet sind.

L. Gross hat etwa 1950 erstmals bewiesen, daß es virusinduzierte Leukämien und Lymphome bei Mäusen gibt. Inzwischen hat man auch bei vielen anderen Species virusbedingte Sarkome und Leukämien festgestellt. Die Viren der Nagerleukämien und der Nagerlymphome zeigen eine große Typenvielfalt.

Die Oncorna-Viren der kleinen Säugetiere

Der *Bittner-Faktor* ist ein tumorerzeugendes RNA-Virus in Gestalt des B-Partikels. Charakteristisch für die Morphologie der B-Partikel ist die Exzentrizität des Innenkörpers im Virion. Das Virus erzeugt bei der weiblichen Maus ein Brustdrüsencarcinom. Die Infektion erfolgt beim Neugeborenen vor der immunologischen Reifung durch Trinken der virushaltigen Muttermilch. Das Virus läßt sich in Tumorzellen mit Hilfe des Elektronenmikroskopes leicht nachweisen. Die Tumorzellen enthalten die reverse Transcriptase. Bei anderen Mäusestämmen erfolgt die Infektion bereits in utero oder transovariell (vertikale Infektion). Die Entstehung des Carcinoms wird durch hormonelle Faktoren gesteuert. Die Virusinfektion bleibt lange Zeit latent. Erst bei der Schwangerschaft kommt es zur Tumorentstehung und nach der Geburt zur massiven Virusausscheidung mit der Milch. Die männlichen Tiere beherbergen das Virus ohne Krankheitserscheinungen. Behandelt man männliche Tiere mit weiblichen Sexualhormonen, so kann ein Brustdrüsentumor entstehen.

B-Partikel: Der Bittnersche Milchfaktor

Horizontal ist eine Übertragung dann, wenn sie nach dem intrauterinen Lebensabschnitt von Individuum zu Individuum erfolgt. Die Infektionskrankheiten werden zum größten Teil horizontal übertragen. Unter **vertikaler Übertragung** versteht man nicht nur die transovarielle Übermittlung von Provirus oder von infektiösem Virus, sondern auch die während der Embryonalperiode erfolgende Infektion des Fetus durch die Mutter. Hierzu kann man sinngemäß auch die post partum erfolgende Infektion des immunologisch unreifen Neugeborenen durch die Mutter zählen.

Horizontale und vertikale Übertragung

Die im Tierexperiment erzeugbaren Virustumoren lassen die Annahme zu, daß *einige* der menschlichen Tumoren als Infektionskrankheit angesehen werden können. Sie bedeuten aber nicht, daß *alle* Tumoren des Menschen durch direkte Infektion mit onkogenen Viren mit nachfolgender Transformation der befallenen Zelle zustandekommen müssen. Im Bereich der Humanmedizin ist die Virusätiologie in diesem Sinne nur für zwei Tumoren exakt bewiesen, nämlich für das Molluscum contagiosum und für die Warze (Verruca).

Die im Tierexperiment gewonnenen Erkenntnisse eröffnen die Möglichkeit, die theoretisch denkbaren Transformationsmechanismen, wie sie für die spontan entstehenden Tumoren in Betracht gezogen werden müssen, in einer einheitlichen Theorie zusammenzufassen. Im Sinne dieser Theorie verkörpern die im Experiment per infectionem erzeugten Virustumoren möglicherweise nur einen Sonderfall eines übergeordneten und allgemein gültigen Prinzips. Dieses Prinzip besagt, daß animale Zellen den Informations-

Die virale Onkogenese als Ausgangspunkt allgemeiner Erwägungen

gehalt ihres Genoms u.U. durch Einbau von fremdem Informationsmaterial im Sinne der Onkogenese verändern können. Die Einschleusung des zellfremden Informationsträgers erfolgt bei vielen, vielleicht sogar bei allen Tumoren durch eine Virusinfektion. Trotzdem wird man die Onkogenese dem klassischen Begriff der Infektionskrankheit nur mit Vorbehalten subsumieren. Die Beziehung der Virusinfektion zur Onkogenese ist nämlich häufig nur indirekt. Drei Hypothesengebäude liefern hierzu Vorstellungsmöglichkeiten.

Die Provirus-Theorie: Infektion jeweils von außen

Im Sinne Temins (1962) erfolgt die Entstehung der Tumoren durch Infektion einer Zelle mit einem RNA- oder einem DNA-Virus von außen. Das Virusgenom wird direkt (bei DNA-Viren) oder indirekt als „Spiegelbild" (bei RNA-Viren) ins Zellgenom aufgenommen und bewirkt die Transformation. Nach diesem Konzept ist die Tumorkrankheit als Infektionskrankheit mit einem besonderen Wirt-Parasit-Verhältnis zu bezeichnen.

Die Onkogen-Theorie: Infektion der Urahnen in grauer Vorzeit

Nach Huebner und Todaro (1969) enthält das Genom aller animalen Zellen einen Abschnitt, der die Transformation bewirken kann; das betreffende Genomstück ist bei der normalen Zelle aber durch ein übergeordnetes Regulatorgen reprimiert. Das Transformationsgen (Onkogen) wird als Teil eines integrierten Virusgenoms aufgefaßt; die Vorgänge der Infektion und Integration liegen aber innerhalb der Evolution weit zurück. Das in diesem Sinne „exogene", vormals „importierte" Genommaterial wird über die Keimbahn von den Eltern auf die Nachkommen vertikal übertragen; es enthält mehrere nebeneinanderliegende Einzelgene mit den Informationen für die Transformation (Onkogen) sowie für die Synthese von Capsid- bzw. Hüllmaterial und von anderen spezifischen Proteinen (Virogen). Die Repression des Virusgenoms kann durch verschiedenartige Einflüsse aufgehoben werden (cancerogene Stoffe, Hormone, Strahlen, Spontanmutation), und zwar für jedes der genannten Strukturgene gesondert. So kann es bei einer Derepression, die sich auf das gesamte Virusgenom erstreckt, zu einer produktiven Transformation der Zelle kommen. Bei einer isolierten Derepression des eigentlichen Transformationsgens (Onkogen) entsteht eine Tumorzelle mit typischen Tumor-Antigenen. Es können bei isolierter Derepression des Virogens aber auch Tumor-Antigene entstehen, ohne daß eine Transformation erfolgt. – Im Sinne der Onkogen-Theorie sind spontan entstehende Tumoren nicht als klassische Infektionskrankheiten anzusehen.

Die Protovirus-Hypothese: Zusammenbau des Onkogens aus nicht-onkogenen Einzelteilen

Nach Temin (1970) enthalten Normalzellen in ihrem Genom bereits das gesamte zur Transformation notwendige Informationspotential. Das zelleigene Onkogen bleibt aber unwirksam, weil seine Einzelelemente voneinander getrennt auf „unkritischen" Genomstücken liegen. Die Transformation tritt erst dann ein, wenn die „disseminiert" liegenden Einzelstücke durch Transposition so angeordnet werden, daß sie in einen funktionellen Zusammenhang geraten. Die Transposition erfolgt in der Weise, daß ein Teilstück des Onkogens seine Information auf eine m-RNA überträgt; diese setzt die Information wiederum in ein extrachromosomales DNA-Stück um, und zwar mit Hilfe der reversen

Transcriptase. Die neugebildete „Kopie" des Onkogenteilstücks wird dann an einem „kritischen" Ort, d. h. in der Nachbarschaft eines anderen Onkogenteilstücks wie ein Provirus integriert. Die Transformationssituation liegt dann vor, wenn die geeignete („kritische") Konstellation der transponierten Onkogenstücke hergestellt wird. Nach dieser Hypothese enthält die Normalzelle nicht etwa ein reprimiertes Onkogen, sondern nur die unwirksame Garnitur seiner Einzelteile. Die Einzelteile selbst können als Fragmente eines durch Virusinfektion in die Zelle gelangten exogenen Informationsträgers aufgefaßt werden. Der Zeitpunkt des Zusammenbaus des Onkogens erfolgt während der Ontogenese. Auch im Sinne der Protovirus-Theorie ist der Krebs keine klassische Infektionskrankheit.

Die drei geschilderten Hypothesen lassen die Möglichkeit denkbar erscheinen, daß tierische Tumorviren unter besonderen Umständen auch beim Menschen Tumoren verursachen. Diese Überlegung stützt sich auf Experimentalbefunde: In menschlichen Tumorzellen sind elektronenoptisch und biochemisch Viren nachgewiesen worden, die als C- und B-Partikel imponieren (Frauenmilch, Knochenmark). Ferner ist auffallend, daß in diesen Tumoren die reverse Transcriptase und bestimmte Oncorna-Antigene gefunden wurden. Schließlich haben Nucleinsäurehybridisierungsversuche ergeben, daß sich in menschlichen bösartigen Tumoren längere Nucleotidbasensequenzen finden, die der Basenfrequenz von Tumorviren von Maus oder Affe homolog sind.

Beziehungen zwischen menschlichen Tumoren und tier-onkogenen Viren

Nach der Virus-Theorie besteht die Möglichkeit, daß alle Tumoren durch Virusbefall entstehen, und daß lediglich der Nachweis, z. B. in Form der Virusinduktion nicht überall möglich ist. Auf der anderen Seite ist seit langem bekannt, daß es im Experiment gelingt, mit einer Reihe von chemischen und physikalischen Einwirkungen Tumoren zu erzeugen. Hierher gehören Strahlen, Benzpyren und Methylcholanthren. Es fragt sich, ob die Wirkung dieser Substanzen primär onkogen ist. Wird diese Frage bejaht, so ist die Gültigkeit der Virus-Theorie eingeschränkt. Wird sie verneint, so ist zu fragen, ob die genannten Maßnahmen als Wegbereiter der Virusonkogenese wirken. Eine Reihe von Befunden spricht dafür, daß Strahlen und chemische Stoffe nicht direkt zur Transformation führen, sondern als begünstigende Faktoren der Virustransformation anzusehen sind.

Der Gültigkeitsbereich der Virus-Theorie: Strahlen und chemische Carcinogene als Helfer des Virus

Die Argumente dafür lauten wie folgt:
1. Zahlreiche Tierspecies bilden in ihren Zellen während der Embryonalperiode species-spezifische Oncorna-Virus-Antigene aus. Die Tiere sind nach der Geburt gegen diese Antigene tolerant.
2. Bei sämtlichen Geflügel- und Mäusestämmen, die untersucht worden sind, ist es möglich gewesen, Zellen im Kulturversuch durch chemische und physikalische Einwirkungen zu transformieren oder zumindest die Synthese von C-Partikeln anzuregen. Hierbei sind wirk-

sam: Strahlen, Benzpyren, Methylcholanthren, Urethan. Nach vollzogener Transformation enthalten die Zellen stets eine reverse Transcriptase, species-spezifische und typenspezifische Oncorna-Virus-Antigene und elektronenoptisch nachweisbare C-Partikel. In vielen Fällen konnten nach der Transformation Oncorna-Viren mit Hilfe des Infektionsversuches isoliert werden.

3. Wenn den Versuchstieren vor der Applikation von Methylcholanthren eine Tot-Vaccine aus Oncorna-Viren verabreicht wird, so sinkt die Tumorquote signifikant ab.
4. Es gibt besondere Zell-Virussysteme, bei denen eine Transformation durch alleinige Virusinfektion nicht auftritt. Verabfolgt man den Zellen mit dem Virus aber Methylcholanthren, so erfolgt die Transformation. Gibt man aber gleichzeitig mit dem Carcinogen virusspezifische Antikörper, so bleibt die Transformation aus. Überdies ist Methylcholanthren, wenn es ohne Virus angewendet wird, wirkungslos.

Als Fazit aus diesen Beobachtungen ergibt sich, daß Strahlen und chemische Carcinogene die Ausprägung der onkogenen Eigenschaften bei bestimmten Viren ermöglichen können. Zusätzlich besteht noch die Möglichkeit, daß die genannten Schädigungen die Leistungsfähigkeit des „tumor surveillance system" herabsetzen.

E. Laboratoriumsmethoden der Virologie

Reinigung

Bei Bakterien und bei Viren bedeutet „Reinigung" die Elimination aller Fremdpartikel. Ziel der Reinigung ist eine homogene Partikelpopulation in einem definierten Suspensionsmilieu.
Die Reinigung wird aus folgenden Gründen vorgenommen:
a) Zur sauberen optischen Darstellung
b) Zur chemischen Charakterisierung
c) Zur Herstellung von Impfstoffen.

Bei Bakterien ist die Reinigung bekanntlich sehr einfach: Sie erfolgt durch Zentrifugieren und Resuspendieren in mehrfacher Folge.

Die *Reinigung von Viren* ist wegen deren Kleinheit wesentlich schwieriger als die von Bakterien: Es bleibt meistens nichts anderes übrig, als die Viren in bezug auf ihre Reinigung als Eiweißmoleküle zu betrachten und die Reinigungsmethoden der Proteinchemie anzuwenden.

Hierbei kommen folgende Methoden zur Anwendung:
1. *Die Ultrazentrifugierung*
   a) im Saccharosegradienten. Hierbei werden die Teilchen nach ihrer Sedimentationsgeschwindigkeit getrennt. Diese hängt u.a. vom absoluten Teilchengewicht ab; dies wiederum kann in praxi mit der absoluten Teilchengröße korreliert werden.
   b) im Cäsiumchloridgradienten. Hierbei werden die Teilchen nach

ihrem spezifischen Gewicht, d. h. nach dem Verhältnis von absolutem Partikelgewicht zum Partikelvolumen getrennt.
2. *Die Cellulose-Chromatographie.* Die Auftrennung durch dieses Verfahren beruht auf der Tatsache, daß sich verschiedene Teilchen mit verschiedener Festigkeit an bestimmte chemische Gruppen anlagern.
3. Die *präparative Elektrophorese.* Bei diesem Verfahren ist die Wanderungsgeschwindigkeit im elektrischen Feld für den Trenneffekt maßgebend.
4. Die *Gel-Filtration.* Bei diesem Verfahren werden die Partikel nach ihrem Partikelvolumen sortiert.
5. *Eiweiß-Fällungsverfahren* (z. B. mit Ammoniumsulfat).

Die Möglichkeiten, Viren im Lichtmikroskop darzustellen, sind praktisch gesehen gleich Null. Dagegen eröffnet die Elektronenmikroskopie sehr gute Möglichkeiten. Ihre Leistungsfähigkeit wird durch folgende Daten charakterisiert:
1. Sinnvolle Vergrößerung: 25000–100000
2. Theoretisches Auflösungsvermögen: 0,5Å (= 0,05 nm)
3. Praktisches Auflösungsvermögen: 10Å (= 1 nm).

Insgesamt ist also die Leistungsfähigkeit des Elektronenmikroskops 100–500mal größer als die des Lichtmikroskops.

Das Elektronenmikroskop und seine Leistung

Die Elektronenmikroskopie ist nur dann ergiebig, wenn die Strukturelemente des Viruspartikels sich als Diskontinuitäten in der Elektronendichte darstellen lassen. Hierzu dienen die Verfahren der Kontrastierung. Die Kontrastierung wird entweder bei einer auf den „Objektträger" gebrachten gereinigten Partikelsuspension oder an einem Ultradünnschnitt vorgenommen. Ein Ultradünnschnitt hat eine Dicke von 0,3 µm. Er ist somit 10mal dünner als ein Paraffinschnitt.

Kontrastierung

Zur Kontrastierung sind folgende Verfahren im Gebrauch:
1. Negativkontrastierung mit Phosphorwolframsäure (PWS). Die Viruspartikel werden in PWS suspendiert. Die Suspension wird als dünner Film mikroskopiert. Überall dort, wo Virusbestandteile die strahlendichten Moleküle der PWS verdrängen, entstehen je nach dem Verdrängungsvolumen Areale von größerer oder geringerer Strahlendurchlässigkeit. Das Prinzip ist jenem gleich, welches der Tuschefärbung von Bakterien zugrunde liegt. Es gibt auch eine Positiv-Kontrastierung von Ultradünnschnitten.
2. Schrägbedampfung mit Schwermetallen (Gold, Platin). Es bilden sich entsprechend den Strukturen und dem Bedampfungswinkel Abweichungen und Aussparungen, die man mit den Effekten eines Schneesturmes in hügeligem Gelände vergleichen kann: Es entstehen „Verwehungen" und „Windschattenzonen".
3. Kontrastierung mit strahlendichten Antikörpern. Hierbei exponiert man das Präparat einem virusspezifischen Antikörper, der vorher mit dem strahlendichten Ferritin gekuppelt worden ist. Die Stellen, an denen das gesuchte Antigen in reagibler Form vorliegt, werden durch Ansammlung von strahlendichten Ferritinkörnchen erkennbar.
4. Die Spreitung von Nucleinsäuren. Vorsichtige Isolierung von Nucleinsäuren aus Bakterien oder Viruspartikeln erlaubt ihre elektronenmikroskopische Darstellung durch Schrägbedampfung. Die Mole-

küle müssen zuvor an einer Grenzschicht zwischen Wasser und einem Proteinfilm gespreitet werden. Diese Methode hat große Bedeutung für das Studium von Struktur, Reduplikations-Mechanismus und Transcription der Nucleinsäuren erlangt.

Schnelldiagnose des Pocken-Virus

Die Elektronenmikroskopie ist von großer Bedeutung für die Schnelldiagnose des Pocken-Virus.

Die Viruszüchtung

Zur Züchtung von Viren braucht man lebende Zellen; diese müssen innerhalb des für das Virus charakteristischen Pathogenitätsspektrums liegen.
Die Züchtung kann erfolgen

a) *im lebenden Tier,*
b) *im bebrüteten Hühnerei* und
c) *in der Zellkultur.*

Züchtung im lebenden Tier

Zur Anzüchtung und zur Fortzüchtung ist für manche Viren das **lebende Tier** der vorteilhafteste Wirt.
Beispiele:
Gelbfieber-Virus – Maus
Coxsackie-Virus – Babymaus
Tollwut-Virus – Kaninchen, Maus.
Bei manchen Viren ergeben sich im Tierversuch charakteristische Symptome und pathologisch-anatomische Befunde. Diese wurden früher zur Virusidentifizierung verwendet. Heute haben sie relativ wenig Bedeutung.

Das bebrütete Hühnerei

Das bebrütete Hühnerei

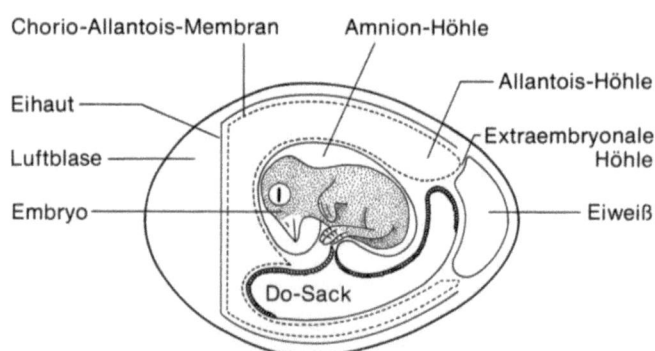

Beimpfung in
1. Amnion-Höhle (Influenza)
2. Allantois-Höhle (Influenza)
3. Dottersack (Rickettsien)
4. Chorio-Allantois-Membran (Herpes, Pocken)

Das **bebrütete Hühnerei** hat drei mit einer einheitlichen Zellschicht ausgekleidete Höhlen, nämlich
1. die Allantoishöhle,
2. die Amnionhöhle und
3. den Dottersack.

Die Zellschichten dieser Höhlen sind für die Vermehrung von zahlreichen Virusarten geeignet. Amnion- und Allantoishöhle werden für die Züchtung von Influenza-Viren verwendet. Das Pocken-Virus vermehrt sich in den Zellen der Chorio-Allantois-Membran (CAM) unter charakteristischen Erscheinungen (Plaques), die diagnostisch verwertet werden. Der Dottersack ist für die Züchtung von Bedsonien und Rickettsien besonders geeignet.

Über die leicht praktikable **Zellkultur** verfügt man erst seit knapp 25 Jahren. Diese Methode ist heute das wichtigste Handwerkszeug des Virologen. Sie hat in vielen Bereichen das umständliche Arbeiten mit lebenden Tieren abgelöst. Darüber hinaus hat sie die molekularbiologische Betrachtungsweise des Parasitismus von animalen Viren erst möglich gemacht.
Die in der Kultur gehaltenen Zellen verändern sich morphologisch, biochemisch und im Hinblick auf ihre Membran. Man spricht von „Entdifferenzierung" durch die Kultur. Für den Virologen wichtig ist die Tatsache, daß einige Zellspecies, die in vivo für gewisse Viren unempfänglich sind, diese Eigenschaft in der Kultur ändern. So können die in vivo unempfänglichen Affennierenzellen des tubulären Apparates nach Verbringung in die Kultur mit Polio-Virus infiziert werden.
Es gibt zwei Grundformen der Zellkultur: Die primäre Kultur und die permanente Kultur.

Die Zellkultur

Primäre Zellkulturen werden jedesmal direkt vom lebenden Tier aus hergestellt. Beispiele: Affennierenzellen, Hühnerfibroblasten, menschliche Amnionzellen.

Die primäre Zellkultur

Man zerschneidet die Organe in kleine Stückchen und behandelt diese kurzdauernd mit Trypsin. Dadurch löst sich der Gewebsverband und die Zellen werden einzeln ins Milieu entlassen. Man wäscht das Trypsin aus und transferiert die Zellen in ein mit gepufferter Nährlösung versetztes Glasröhrchen, auf dessen Wand sie sedimentieren; die Zellen kleben an der Glaswand schnell fest und wachsen dann zum Einzell-Schicht-Rasen aus. Der größte Teil der Primärkulturen läßt sich in vitro nicht lange weiterzüchten: Sie degenerieren schnell und sterben ab.

Bei einigen, ursprünglich zur Primärkultur verwendeten Stämmen hat sich herausgestellt, daß sie sich über Generationen hinweg züchten lassen **(Permanente Zellkulturen)**. Dabei verimpft man

Permanente Kulturen

Zellen einer ausgewachsenen Kultur in eine neue Nährflüssigkeitscharge. Die so erhaltenen Zellstämme sind stabil und zum Teil schon seit mehr als 15 Jahren in Gebrauch.

Beispiele für solche Zell-Linien:
HeLa: Ursprünglich aus einem humanen Cervixcarcinom
KB: Ursprünglich aus einem Epitheloidcarcinom (human)
FL: Ursprünglich aus einer menschlichen Amnionhaut.

Euploide, aneuploide und diploide Linien

Die Zellen der permanenten Kultur weisen fast immer Abweichungen im Hinblick auf den normalen („euploiden") Chromosomensatz auf. Die Aberrationen sind entweder von Haus aus vorhanden, z.B. bei Tumorzellen, oder sie entstehen im Verlaufe der Kultur als „Aneuploidie" aus den ursprünglich normal-diploiden („euploiden") Zellen. Bei einigen wenigen Zellstämmen bleibt die Diploidie erhalten. Diese werden als „diploide Linien" bezeichnet; sie spielen in der Viruszüchtung eine besondere Rolle, z.B. bei der Züchtung des Tollwutvirus.

Kriterien der Virusvermehrung in der Kultur

Der gelungene Infektionsversuch zeigt sich in der Kultur vielfach durch charakteristische Veränderungen an. Diese können entweder durch direkte Beobachtung der Kultur im Mikroskop (schwache Vergrößerung) oder mit Hilfe von besonderen Laboratoriumsmethoden kenntlich gemacht werden.
Folgende Methoden sind gebräuchlich:
1. Mikroskopische Darstellung des cytopathischen Effektes.
2. Nachweis von virusspezifischem Antigen auf der Zelloberfläche.
3. Nachweis von virusspezifischem Antigen in der Kulturflüssigkeit.
4. Nachweis der erhöhten Nucleinsäuresynthese durch Autoradiographie
   a) mit markiertem Thymidin für DNA-Viren und
   b) mit markiertem Uridin für RNA-Viren.

Der cytopathische Effekt

Der cytopathische Effekt (s. S. 22) tritt in mehreren Erscheinungsformen auf:
1. *Zellabkugelung.* Beispiel: Polio-Virus.
2. *Riesenzellbildung.* Beispiel: Herpes-Virus, Masern-Virus.
3. *Einschlußkörperchen (EK).* Beispiele: Negri-Körperchen bei Tollwut (fluorescenzserologische Darstellung); Guarnieri-Körperchen bei Pocken; EK im Kern infizierter Zellen bei Herpes und bei Masern. EK treten auch in vivo auf und sind wichtige Indizien bei der Diagnose.
4. *Chromosomenbrüche* (z.B. bei Masern).
Nicht alle Viren induzieren einen cytopathischen Effekt. Beispielsweise verläuft die Vermehrung des Influenza-Virus in der Zellkultur meist ohne erkennbare Veränderung der befallenen Zellen.

Die Darstellung von virusspezifischen Antigenen auf infizierten Zellen ermöglicht es u. U. schon vor Erscheinen des cytopathischen Effektes, die befallenen von den nicht-befallenen Zellen zu unterscheiden. Außerdem stellt man auf diese Weise virusspezifische Antigene in der Membran der befallenen Zellen dar, z. B. in transformierten Zellen die Tumor-Antigene.

Darstellung von virusspezifischen Antigenen der Zelloberfläche

Folgende Methoden sind in Gebrauch:
1. Die *fluorescenzserologische Färbung* mit markierten Immunseren. Dabei wird der auf einem Objektträger gewachsene, infizierte Zellrasen fixiert und dann mit einem bekannten virusspezifischen Immunserum behandelt. Anschließend wird das Präparat mit einem fluoresceinmarkierten Antiglobulin überschichtet; die Spezifität des Antiglobulins richtet sich gegen das Antikörpermaterial des unmarkierten, virusspezifischen Immunserums. Das Präparat wird im UV-Licht mikroskopiert.
2. Die Methode der *Hämadsorption*; sie wird in zwei Formen praktiziert:
a) Direkte Hämadsorption. Hierbei wird nach Antigenen gefahndet, die unmittelbar mit Erythrocyten reagieren und sie binden (Beispiel: Hüll-Antigen der Myxo-Viren). Man setzt der Zellkultur einen Überschuß von Erythrocyten zu und stellt fest, ob diese an den infizierten Zellen verankert werden; ist dies der Fall, so erscheinen charakteristische Erythrocytenhaufen (Rosetten).
b) Indirekte Hämadsorption (Immunadhärenz). Dieses Verfahren beruht auf der Tatsache, daß Antigen-Antikörper-Komplement-Komplexe Erythrocyten der Gruppe 0 binden, und zwar unabhängig von der Natur des Antigens. Man behandelt die Zellkultur zuerst mit einem Antiserum von bekannter Virusspezifität und dann mit Komplement (maßgebend sind die Komponenten C1, C4, C2, C3). Wenn man jetzt wäscht und dann Human-Erythrocyten dazu gibt, werden diese an den Orten der Antigen-Antikörper-Komplement-Reaktion selektiv festgehalten und bilden Rosetten.

In den Fällen, bei denen der cytopathische Effekt ausbleibt, kann man die „symptomlos" verlaufende Virusvermehrung durch den Nachweis des ausgeschleusten Virusmaterials im Kulturüberstand darstellen. Der Nachweis erfolgt in vielen Fällen durch die *Komplementbindungsreaktion* unter Verwendung eines authentischen virusspezifischen Immunserums. In anderen Fällen nutzt man die *hämagglutinierende Wirkung* der Virionen direkt, d. h. ohne Antiserum, aus.

Nachweis von Virus-Antigen im Kultur-Überstand

Bei einigen Viren kann die Außenstruktur mit bestimmten Oberflächenstrukturen (Receptoren) von Warmblütererythrocyten reagieren. Es kommt dann zur Bindung des Virus an den Erythrocyten. Da das Virion mehrere „Haftstrukturen" besitzt, so bildet es eine Verbindung zwischen jeweils zwei Erythrocyten: Es kommt durch Vernetzung zur Bildung von Aggregaten. Diese Erscheinung wird *Hämagglutination* genannt. Mischt man den Kulturüberstand mit Erythrocyten, so werden diese bei Anwesenheit von hämagglutinierendem Virus vernetzt. Nicht alle Viren sind zur Hämagglutination fähig. Diagnostisch besonders wichtig ist die hämagglu-

Hämagglutination:

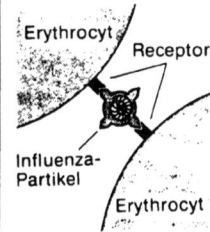

Virus-Hämagglutination

tinierende Wirkung der Myxo-Viren und des Röteln-Virus. Daneben sind aber auch Arbo-Viren und Pocken-Viren zur Hämagglutination befähigt.

Aufhebung der Hämagglutination durch RDE

Der Erythrocytenreceptor für das Virus ist ein zur Gruppe der Glykoproteine gehöriges Mucoprotein; es kann durch das Enzym Neuraminidase („receptor destroying enzyme", RDE) zerstört werden. Als Produkt der Enzymeinwirkung entsteht N-Acetylneuraminsäure. Manche Viren besitzen in ihrem Virion Neuraminidase in aktiver Form. Dementsprechend zerstören sie den Receptor schon einige Minuten nach ihrer Bindung an den Erythrocyten. Dadurch kommt es kurze Zeit nach der Virusbindung zu einer sekundären Virusfreisetzung (Virus-Elution): Die Erythrocytenaggregate lösen sich auf. Hat der aus dem Aggregat befreite Erythrocyt vorher alle seine Receptoren mit Virus besetzt gehabt, so kann er durch neue Viruspartikel nicht mehr aggregiert werden, da seine Receptoren sämtlich zerstört sind.

Nachweis der Virusinfektion durch Autoradiographie

Als Autoradiographie bezeichnet man die photographische Registrierung und Lokalisation strahlender Substanzen in Gewebsschnitten oder auf Zellkulturrasen. Man bietet der lebenden infizierten Wirtszelle z. B. Tritium-markiertes Thymidin an. An den Stellen, wo sich die DNA-Synthese vollzieht, reichert sich das strahlende Material an. Anschließend legt man einen Film auf den Schnitt oder den Rasen und läßt die Strahlung einwirken. Die Orte der DNA-Synthese erscheinen als schwarze Körnchen. – Das gleiche Verfahren wird für die Darstellung der RNA-Synthese verwendet. Man bietet der Zelle dabei ^{3}H-markiertes Uridin an. Bei beiden Verfahren muß die Synthese der zelleigenen Nucleinsäure sorgfältig von der Synthese der Virusnucleinsäure unterschieden werden. Dies geschieht durch Kontrollversuche. Die Autoradiographie spielt eine wichtige Rolle beim Nachweis von hybridisierenden Nucleinsäuren (s. Kap. Tumorviren).

Die Identifizierung der gezüchteten Viren: Immunspezifische Verfahren

Die Identifizierung des in der Zellkultur oder im Hühnerei gezüchteten Virus erfolgt *serologisch*. Das virushaltige Kulturmaterial wird als unbekanntes Antigen betrachtet und mit Hilfe von authentischen, virusspezifischen Antiseren untersucht. Dabei kommen zu einem Teil die klassischen Methoden der Serologie zur Anwendung. Zum anderen Teil gebraucht man serologische Methoden, die speziell für die Virologie entwickelt worden sind.

Konventionelle Methoden der Serologie

Es kommen Methoden der Komplementbindung, der Präcipitation (gegebenenfalls der Agglutination) sowie der Fluorescenzserologie zur Anwendung. Die größte Bedeutung kommt der *Komplementbindungsreaktion* zu.

Spezielle Methoden der Virusserologie

Folgende Verfahren sind typisch für die serologische Arbeit des Virologen:
a) Der Neutralisationstest und
b) der Hämagglutinations-Hemmungstest.

Der Neutralisationstest

Alle Viren besitzen an ihrer dem Milieu zugekehrten Partikelgrenzfläche Antigendeterminanten; diese sind in der Regel für die betreffende Virusspecies bzw. den Virustyp charakteristisch und exklusiv. Treffen homologe Antikörper mit diesen Determinanten zusammen, so entsteht ein Virus-Antikörper-Komplex, an den sich u. U. noch Komplementmaterial anlagert. Hierdurch werden die für die Adsorption des Virus an die Wirtszellmembran notwendigen Außenstrukturen (s. S. 14) sterisch blockiert, und das betreffende Virion büßt seine Infektiosität ein (Virusneutralisation). Wenn der Antikörper gegen solche Virus-Antigene gerichtet ist, die in der Tiefe des Virions liegen, ist er zur Neutralisation unfähig. Nicht jeder virusspezifische Antikörper ist somit neutralisierend. Die nicht-neutralisierenden Antikörper werden meistens mit der Komplementbindung nachgewiesen; die entsprechenden Antigene sind meistens Gemeinbesitz von mehreren Virustypen. Beim *Neutralisationstest*, wie er *zur Virusidentifizierung* ausgeführt wird, stellt man im Prinzip fest, ob der cytopathische Effekt einer bestimmten Virussuspension gegenüber einer Zellkultur durch vorherige Bebrütung mit einem authentischen Immunserum aufgehoben wird.

"Persisters"

Bringt man in ein virusneutralisierendes Serum homologe Viruspartikel, so werden trotz eines Überschusses an Antikörpern nicht alle Viria neutralisiert. Die unter diesen Umständen infektionstüchtig bleibenden Partikel werden „Persisters" genannt. Die Ursache dieser Erscheinung ist nicht definitiv geklärt und vielleicht auch nicht einheitlich.

Der Hämagglutinations-Hemmungstest

Versetzt man hämagglutinierende Viren mit einem Immunserum, welches sich zu ihren außenliegenden Determinanten homolog verhält, so werden diese von Antikörpermolekülen besetzt. Der gebundene Antikörper behindert dann sterisch die für die Hämagglutination (s. S. 51) maßgebenden Außenstrukturen; dadurch verliert das Virus seine hämagglutinierende Fähigkeit. Mit diesem System kann man bei hämagglutinierenden Viren das Oberflächenantigen untersuchen und es identifizieren. Der Hämagglutinations-Hemmungstest kann zur Virusidentifizierung bei folgenden Krankheiten verwendet werden: Influenza, Mumps, Variola, Masern, Röteln.

Will man ein hämagglutinierendes Virus identifizieren, so bringt man mehrere Ansätze einer hämagglutinierenden Virusverdünnung jeweils mit Antiseren gegen die in Betracht kommenden Viren zusammen; man bebrütet die Mischung und stellt nachher durch Zugabe der als Indicator fungierenden Erythrocyten fest, welches der eingesetzten und bekannten Antiseren die hämagglutinierende Eigenschaft blockiert hat. Das Virus ist dann diesem Serum homolog. – Unspezifische Inhibitoren im Serum können Antikörper vortäuschen, z. B. bei den Röteln. Ihre sachgerechte Absorption ist deshalb von großer Bedeutung.

Partikelzählung

Um die Zahl der infektionstüchtigen Partikel in einer Virussuspension festzustellen, geht man von der theoretischen Annahme aus, daß in der Zellkultur oder im Tierversuch unter optimalen Bedingungen eine sehr kleine Partikelzahl (im Idealfall ein einziges Partikel) genügt, um einen Infektionsherd zu setzen. Die kleinste Menge Virus, die zu einer Infektion ausreicht, wird als „infektiöse Einheit" bezeichnet. Zwei Prinzipien müssen unterschieden werden:
a) Die Endpunktmethode und
b) die Plaque-Methode.

Die Endpunktmethode

Es werden Virusverdünnungen angelegt und zur Infektion lebender Tiere verwendet. Für jede Verdünnung nimmt man 6–10 Tiere. Man stellt fest, welche Verdünnung ausreicht, um 50% der damit behandelten Tiere zu töten oder krank zu machen. Diese Dosis wird als Letaldosis (LD_{50}) bzw. als Infektionsdosis (ID_{50}) bezeichnet. – Die Endpunktmethode kann auch mit Zellkulturen ausgeführt werden. Ablesemaßstab ist dann das am cytopathischen Effekt erkennbare „Angehen" der Infektion in einem Kulturröhrchen.

Die Plaque-Methode

Diese Methode beruht auf folgender Überlegung: Wird eine Zellkultur durch ein einzelnes Partikel infiziert, so breitet sich die Infektion von der befallenen Zelle auf zwei Wegen aus:
a) Per continuitatem, also durch Übergreifen auf die Nachbarzellen, und
b) infolge der Verschleppung von infektiösen Teilchen durch die Kulturflüssigkeit an Orte, die abseits von dem primären Infektionsherd liegen; es bilden sich dort sekundäre Infektionsherde aus.
Wenn es gelingt, die in b) aufgeführte Verschleppung zu unterbinden, so wird die primäre Infektion einer Zelle durch einen einzigen Herd von cytopathischen Veränderungen angezeigt. Ein lokaler Krankheitsherd dieser Art entspricht dann im Idealfall der Wirkung eines einzigen Viruspartikels. Folgendes Verfahren dient hierzu:
Man setzt eine hochverdünnte Virussuspension einem Zellrasen zu und wartet 30 min, bis die Stadien der Adsorption und der Penetration abgelaufen sind. Dann gießt man die Kulturflüssigkeit ab und überschichtet den infizierten Rasen mit 45°C warmem, noch flüssigem Agar. Nach der Erstarrung des Agars bleibt die Infektion auf umschriebene Bezirke des Zellrasens, d. h. auf die Nachbarschaft der primär infizierten Zelle, beschränkt und kann nicht mehr verschleppt werden. Man bebrütet mehrere Tage und färbt dann mit einem Vitalfarbstoff (Neutralrot). Die Zellen, die vom Virus befallen sind, können sich nicht mehr anfärben (s. S. 23); es entstehen dann im rotgefärbten Feld der gesunden Zellen helle, ungefärbte rundliche Aussparungen. Diese entsprechen den Infektionsherden, die durch den Primärbefall einer Zelle entstehen und werden Plaques genannt. Man bezeichnet die Virusmenge, die ausreicht, um einen Plaque zu erzeugen, als eine „plaque-formingunit" (PFU); im Idealfall entspricht sie, wie erwähnt, einem einzigen Viruspartikel.

Klinische Laboratoriumsdiagnostik

Die Laboratoriumsdiagnostik der Viruskrankheiten beruht auf zwei Verfahrensprinzipien. Diese sind
1. die Isolierung, Züchtung und Identifizierung des *Virus* vom Kranken sowie

2. der Nachweis von virusspezifischen *Antikörpern* im Serum oder Liquor des Kranken.

Die unter Punkt 1 genannten Methoden („große Virusdiagnostik") sind kostspielig und mühevoll, aber in bestimmten Fällen absolut notwendig, z.B. bei Pockenverdacht. Die große Virusdiagnostik ist für die Klinik aber nicht immer ergiebig; dies gilt z.B. dann, wenn Erkrankungen der oberen Luftwege oder meningoencephalitische Syndrome aufgeklärt werden sollen. Die Isolierung und Identifizierung bedeutet in diesen Situationen für den Einzelfall keine diagnostische Hilfe, weil ihre Resultate zu spät ablesbar sind. Sie ist aber von größter Bedeutung für die Beurteilung der epidemiologischen Situation: Virusisolierungen an einigen Kranken sind ein Hinweis, welcher den Arzt veranlaßt, bei anderen Kranken gewisse Diagnosemöglichkeiten in Betracht zu ziehen. Der größte Teil der Viruskrankheiten wird nicht durch Isolierung, sondern an Hand der epidemiologischen Situation im Wege des Analogieschlusses festgestellt. Die Verdachtsdiagnose wird dann durch die serologische Untersuchung des Kranken bestätigt. Hier liegt ein wesentlicher Unterschied zu der diagnostischen Praxis der bakteriellen Infektionen.

Die unter Punkt 2 genannten Methoden sind einfacher auszuführen und für den Klinikbetrieb von großer Bedeutung. Sie stellen die „kleine Virusdiagnostik" dar.

Die Züchtung, Isolierung und Identifizierung erfolgt für die in Verdacht stehende Virusart jeweils mit den speziell dafür entwickelten Methoden. Eine allgemein anwendbare, alle Virusarten umfassende Methode gibt es nicht. Deshalb ist es ohne klinische Verdachtsdiagnose nicht möglich, Nachweisverfahren anzuwenden. Vielfach sind nur wenige Institute im Besitz der notwendigen Methoden. Dies gilt z.B. für Pocken und Tollwut. In Zweifelsfällen ruft man das Gesundheitsamt an.

Züchtung, Isolierung und Identifizierung: Klinischer Verdacht ist maßgebend

Das Repertoire der klinischen Virusserologie umfaßt drei Methoden. Diese sind:
1. Der Neutralisationstest
2. Der Hämagglutinations-Hemmungstest (Hirst-Test)
3. Die Komplementbindungsreaktion (KBR).

Die KBR und der Hirst-Test sind einfacher, weniger aufwendig und weniger störungsanfällig als der Neutralisationstest. Sie werden deshalb in der klinischen Virusserologie bevorzugt.

Grundsätzlich ist für alle Untersuchungen zu fordern, daß sie *gleichzeitig an zwei Serumproben des gleichen Kranken* quantitativ ausgeführt werden. Die erste Serumprobe soll sogleich nach dem Erscheinen der klinischen Symptome entnommen werden, die zweite Serumprobe nach etwa 14 Tagen. Die Serumproben werden

Klinische Serologie: Drei Verfahren

sofort nach Entnahme eingeschickt und im Laboratorium eingefroren. Die Untersuchung des Serumprobenpaares erfolgt stets am gleichen Tag. Das nach der Untersuchung übrig bleibende *Serum wird eingefroren und noch ein Jahr lang aufbewahrt.*

Die zur Untersuchung angewendeten lebenden und toten Virusantigene sind teuer. Deshalb bevorzugt man Mikroverfahren. Die Zahl der Antigene, die bei einem Symptomenkomplex zur Untersuchung herangezogen wird, kann bis zu 15 betragen.

Der klinische Neutralisationstest

Der Test beruht auf dem bereits geschilderten Prinzip der Virusneutralisation durch Antikörper. Vom Patientenserum werden Verdünnungen hergestellt; zu jeder Verdünnungsstufe wird eine gleichbleibende Vorlage von lebendem Virus in Höhe von etwa 100 ID_{50} gegeben. Die Mischung wird 30 min bebrütet und dann auf Infektiosität geprüft. Als Neutralisationstiter wird der Verdünnungsfaktor derjenigen Serumprobe angegeben, welche die Virusvorlage im Hinblick auf ihre Infektiosität gänzlich unwirksam macht. Die Infektiosität des Virus wird in der Regel mit der Gewebekultur oder im Brutei geprüft. In Ausnahmefällen muß man lebende Tiere heranziehen. Findet man zwischen den beiden Serumproben des Patienten eine Titerdifferenz von mindestens dem Vierfachen (zwei Verdünnungsstufen), so ist der Schluß auf eine akute Erkrankung berechtigt.

Die neutralisierenden Antikörper sind noch lange nach der Genesung im Serum nachweisbar. Deshalb eignen sie sich als Indicator für Untersuchungen, in denen der Durchseuchungsgrad der Bevölkerung festgestellt werden soll (serologischer Kataster). Die neutralisierenden Antikörper spiegeln die effektive Abwehrbereitschaft des Patienten bzw. des Rekonvaleszenten wider: Sie sind ein Indicator für das Vorhandensein oder das Fehlen einer humoralen Immunität.

Die klinische Komplementbindungsreaktion

Komplementbindende Antikörper im Patientenserum werden mit einem authentischen Virus-Antigen nach den Prinzipien der Wassermann-Reaktion (WaR) erfaßt. Die Reaktion muß immer quantitativ angesetzt und an einem Serumprobenpaar vorgenommen werden. Auch hier muß der Titerunterschied mindestens zwei Verdünnungsstufen betragen. Bei einigen Virus-Antigenen ergibt die Komplementbindungsreaktion auch bei manifesten Erkrankungen nur niedrige Titer. Dies gilt z.B. für Coxsackie- und für Polio-Erkrankungen. Hier besteht die Möglichkeit, die KBR durch Umstellung vom Defizitprinzip der WaR auf das Prinzip der Immunadhärenz zu verfeinern. Bei dieser Methode wird nicht der Schwund von lytischem Komplement aus der flüssigen Phase gemessen, sondern das Erscheinen von gebundenem Komplementmaterial am Immunkomplex demonstriert. Als Indicator benutzt man humane 0-Erythrocyten. Bildet sich ein Immunkomplex aus Patientenantikörper, Antigen und gebundenem Komplementmaterial, so werden die Erythrocyten im Wege der Immunadhärenz aggregiert.

Die komplementbindenden Antikörper erscheinen und verschwinden schnell. Sie spiegeln die akute Krankheitsphase wider und lassen keine Rückschlüsse auf die belastbare Immunität zu. Für Durchseuchungsstudien sind sie ungeeignet.

Die als Hirst-Test bezeichnete klinisch-serologische Form des Hämagglutinations-Hemmungstests wird vornehmlich zur Stützung der Verdachtsdiagnose „Influenza", „Mumps", „Masern" und „Röteln" verwendet.

Der klinische Hämagglutinations-Hemmungstest (Hirst-Test)

Von dem Serumprobenpaar wird je eine Verdünnungsreihe angelegt und mit einer gleichbleibenden Menge des Antigens versetzt. Man bebrütet eine halbe Stunde und gibt dann Hühner-Erythrocyten als Indicator zu jedem Röhrchen. Man stellt fest, in welcher Verdünnung das geprüfte Serum die Hämagglutination noch völlig verhindert, d.h. bis zu welcher Serumverdünnung die durch Antikörper bedingte Hämagglutinationsblockade reicht. Zur Positivbewertung ist eine Differenz von zwei Titerstufen notwendig.

Die hämagglutinationshemmenden Antikörper spiegeln die belastbare Immunität wider; sie bleiben noch lange nach Überstehen der Krankheit nachweisbar. Ihr Nachweis ist bei Durchseuchungsuntersuchungen z.B. im Hinblick auf Influenza von großem Wert.

Ein Impfstoff wird im Hinblick auf seine Wirksamkeit am Menschen folgendermaßen geprüft: Eine Bevölkerungsgruppe erhält den Impfstoff, die andere Gruppe erhält ein Placebo. Von jedem Probanden wird eine Serumprobe vor der Impfung und eine Probe 4 Wochen nach der Impfung entnommen. Die Proben werden im Neutralisationstest oder im Hirst-Test untersucht. Die Konversionsrate gibt an, welcher Anteil der mit Impfstoff behandelten Probanden durch die Impfung vom serologischen Negativbefund zum Positivbefund „bekehrt" (konvertiert) worden ist.

Verwendung virusserologischer Methoden zur Impfstoffprüfung

II. Spezielle Virologie

A. Picorna-Viren

Picorna-Viren:
Übersicht

Picorna-Viren[10] sind kleine RNA-Viren. Es sind rundliche Gebilde von 20–30 nm Durchmesser. Das Virion besteht aus einem zentralen RNA-Knäuel und einem außen liegenden Capsid. Eine Hülle fehlt.
Man unterscheidet bei den Picorna-Viren drei Gruppen, nämlich die Entero-Viren, die Rhino-Viren und die MKS-Viren. Die Gruppen werden wiederum in Untergruppen und Typen unterteilt.
1. **Die Entero-Viren.** Diese Bezeichnung trägt der Tatsache Rechnung, daß bei den Viren dieser Gruppe der Dünndarm als Eintrittspforte dient und daß sie mit den Faeces ausgeschieden werden. Zu den Entero-Viren gehören:
a) Das *Virus der Poliomyelitis* (Polio-Virus) mit seinen drei Typen.
b) Die *Coxsackie-Viren*[11]. Sie treten als Coxsackie-A-Viren (Erreger der Herpangina) und als Coxsackie-B-Viren (Erreger der Encephalomyocarditis bei Neugeborenen und der seuchenhaften Myositis) auf. Die Untergruppen A und B zerfallen jeweils in zahlreiche Serotypen. Beide Untergruppen rufen Meningitis hervor und können auch exanthematische Krankheitsbilder erzeugen.
c) Die *ECHO-Viren*[12]. Sie erzeugen uncharakteristische Infektionen, die als Enteritis, Schnupfen, Meningitis u.a. mit Exanthem verlaufen. Es gibt etwa 30 serologisch distinkte ECHO-Viren (Typen).

---

[10] Picorna: Kunstwort aus Pico = klein und rna = Ribonucleinsäure.
[11] Coxsackie ist der Name des Ortes in Nordamerika, wo die Erstisolierung erfolgte.
[12] ECHO: Kunstwort aus *E*nteric, *C*ytopathogenic, *H*uman, *O*rphan. Der Ausdruck „Orphan" (= Waisenkind) bezog sich ursprünglich auf die Tatsache, daß man die Viren im Darmtrakt fand, aber eine dazugehörige Infektionskrankheit vermißte.

Der ursprünglich als Typ 10 des ECHO-Virus bezeichnete Erreger hat eine doppelsträngige RNA und ist deshalb aus der ECHO-Gruppe herausgenommen worden. Er wird seither als Reo-Virus bezeichnet.
2. **Rhino-Viren.** Sie erzeugen neben anderen Viren das Bild des banalen Schnupfens („common cold") und treten in einer großen Zahl von Serotypen auf.
3. **Das Virus der Maul- und Klauenseuche (MKS-Virus).** Es befällt Haustiere (Paarhufer) und den Menschen. Das MKS-Virus tritt in mehreren Typen auf.

Das Polio-Virus gehört zur Untergruppe der Entero-Viren, die ihrerseits wiederum einen Teil der Picorna-Viren repräsentieren. Es ist die Ursache der Poliomyelitis und kommt in **drei serologisch distinkten Typen** vor; die als Prototypen dienenden Stämme tragen die Namen
„Brunhilde" für *Typ 1*
„Lansing" für *Typ 2*
„Leon" für *Typ 3*.
Vor der Einführung der Schluckimpfung war das Polio-Virus in der Bevölkerung weit verbreitet. Inzwischen ist das voll pathogene Wildvirus vom attenuierten Impfvirus weitgehend verdrängt. Die Infektion mit dem Wildvirus verläuft in der überwiegenden Zahl der Fälle inapparent oder mit den leichten, uncharakteristischen Symptomen einer „Indisposition". Meningitische Erscheinungen treten selten auf, und die Lähmungen sind als Extremkomplikationen noch seltener. *Die Polio ist also das Musterbeispiel einer Krankheit mit einer hohen Quote an stiller Durchseuchung.* Maßgebend für die Motivation zur Bekämpfung sind die schwerwiegenden Folgen der cerebro-spinalen Komplikation für den betroffenen Einzelnen: Die Lähmungen können zum Tode oder zum Krüppeltum führen. Patienten mit Atemlähmung durch Polio überleben u. U. die Krankheit als Dauergäste der Eisernen Lunge; ihr Schicksal ist tragisch und macht die Poliomyelitis zu einer gefürchteten Krankheit.

Das Polio-Virus: Stellung und Bedeutung

Das Polio-Virus ist nur für Primaten (Menschen und Affen) pathogen. Es vermehrt sich in vitro in Primatenzellen und erzeugt einen deutlich wahrnehmbaren cytopathischen Effekt. Für die Züchtung wird meist eine Kultur von Affennierenzellen verwendet; der cytopathische Effekt zeigt sich als Abkugelung und Loslösung der Zellen von der Glasfläche. Die Identifizierung des Virus erfolgt nach Anzüchtung durch den Neutralisationstest mit Hilfe von bekannten Seren. Die Neutralisationsreaktion ist typenspezifisch.
Das Polio-Virus ist empfindlich gegen Austrocknen, gegen UV-

Viruseigenschaften: Wirtsspektrum, Züchtung, Identifizierung, Resistenz

Strahlen und gegen mäßiges Erhitzen. Durch Formalin kann es unter Erhaltung der Capsid-Antigenität inaktiviert werden.

Epidemiologie: Übertragung fäcal-oral von Mensch zu Mensch	Virusreservoir und alleinige **Infektionsquelle** ist der **Nasen-Rachenraum** und der **Darmkanal** des Menschen. Meistens erfolgt die Ansteckung direkt von Mensch zu Mensch. Der weitaus größte Teil der Übertragungen erfolgt im Sinne der Schmierinfektion durch Einbringen von Fäcalmaterial in die Mundhöhle. Als Vehikel dienen verunreinigte Hände, Gebrauchsgegenstände, Wasser und auch Fliegen. Die Verbreitungspotenz des Virus ist sehr groß: Auch bei strengster Sauberkeit und guten hygienischen Verhältnissen ist eine Übertragung im Familienmilieu praktisch unvermeidbar. Neben der Übertragung durch Fäcalmaterial spielt die Infektion durch Speichel als Schmierinfektion und auch als Tröpfcheninfektion eine wichtige Rolle. – Die Ausscheidung des Virus im Stuhl dauert nach apparenter und inapparenter Infektion 6–8 Wochen, gelegentlich auch mehrere Monate. Das Virus kommt in Abwässern und gelegentlich in Freibädern vor. Die Sommerzeit und der Frühherbst sind bei der Ausbreitung des Polio-Virus die bevorzugten Jahreszeiten.

Wegen des großen Anteils an klinisch „stummen" Infektionen sind Infektketten nur schwer nachzuweisen. Die hohe Verbreitungspotenz ist vor allem durch Isolierungsversuche an solchen Familien erkannt worden, in welchen ein Mitglied mit der Lebendvaccine geimpft worden war. In Ländern mit niedrigem Hygienestandard und ohne Schutzimpfung werden bereits die Kleinkinder voll durchseucht. Bei besseren Lebensverhältnissen verschiebt sich das Lebensalter der Erstbekanntschaft mit dem Virus zur Adoleszenz hin: Die Durchseuchung der Kinder ist nicht mehr vollständig, und die von der Infektion verschonten Kinder können als Erwachsene erkranken.

Die Epidemiologie der Polio hat sich in Mitteleuropa durch die Einführung der Schluckimpfung grundsätzlich gewandelt. Das Wildvirus ist, wie schon erwähnt, vom Impfvirus verdrängt worden. Bei dem Rückgang der Polio hat auch die Tatsache mitgewirkt, daß der Anteil der Kinder an der Bevölkerung kleiner geworden ist („Altersverschiebung"). *Dauerausscheider des Polio-Virus gibt es nicht;* das Virus wird nur in Verbindung mit der akuten Infektion ausgeschieden.

Ansiedlung und Ausbreitung des Polio-Virus im Organismus: Vier Stadien	Hinsichtlich der Virusausbreitung kann man vier Stadien des Infektionsverlaufes unterscheiden: 1. Lokale Ansiedlung und Vermehrung des Virus in den Zellen der Rachen- und Darmschleimhaut. 2. Invasion. Diese erfolgt durch Einbruch in die Lymphgefäße und dann in die Blutbahn (Virämie). Eine Besonderheit stellt das Wandern des Virus entlang der Axonen von peripheren

Nerven dar; dies kann bei Wunden (Tonsillektomie) zur paralytischen Erkrankung führen.
3. Befall des „Erfolgsorganes" mit erneuter Vermehrung. Das Virus gelangt durch die Invasion in den Meningealraum und in die motorischen Vorderhornzellen des Rückenmarkes und vermehrt sich darin. Dies kann zur Schädigung oder gar zum Untergang der Zellen und damit zu schlaffen Lähmungen führen.
4. Elimination des Virus in der Rekonvaleszenz. Dies ist bei Polio ausnahmslos der Fall. Hierfür sind neben dem Interferon vor allem humorale Antikörper verantwortlich.

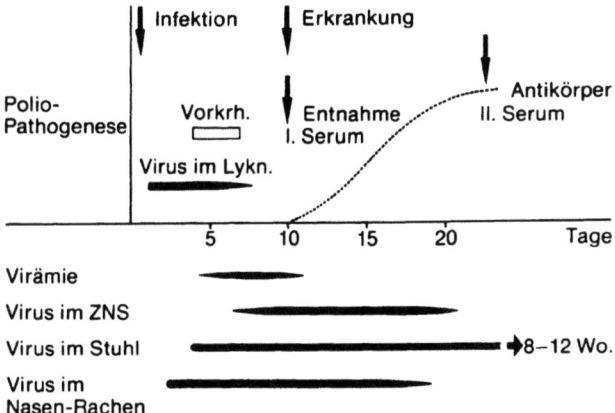

In seltenen Fällen können das Hinterhorn der grauen Rückenmarkssubstanz und das Gehirn befallen werden. Dem Polio-Virus schreibt man einen besonderen „Organotropismus" im Hinblick auf das ZNS zu.

Die Inkubationszeit beträgt für die klinisch manifesten Fälle 8–14 Tage. Die Schwere des Krankheitsbildes kommt in der Einteilung der Verlaufsformen zum Ausdruck:
1. *Inapparenter Verlauf.*
2. *Abortiver Verlauf* mit katarrhalischen Symptomen („minor illness").
3. *Meningitis ohne Lähmungen.* Im klaren Liquor findet sich eine lymphocytäre Zellvermehrung („aseptische Meningitis").
4. *Paralytische Form.* Charakteristisch sind schlaffe Lähmungen, vornehmlich an der Extremitätenmuskulatur. Es können aber auch die Atemmuskeln ergriffen werden. In schweren Fällen verläuft die Polio als Meningo-Encephalo-Myelitis mit ausgedehnten Schädigungen der ZNS-Funktion. Der Tod kann

Klinische Verlaufsformen

durch Atemlähmung oder an Herzversagen eintreten. Der Cortex wird allerdings niemals befallen. Die Lähmungen bilden sich, sofern der Patient überlebt (z. B. mit Hilfe der eisernen Lunge) häufig zurück.
Die inapparenten Verlaufsformen sind weitaus am häufigsten (mehr als 99%). Die meningitische und die paralytische Form sind auf weniger als 1% beschränkt.

Laboratoriumsdiagnose

Die Laboratoriumsdiagnose der Poliomyelitis erfolgt durch Virusisolierung und -identifizierung sowie durch Nachweis von spezifischen Antikörpern im Patientenserum.

1. *Virusisolierung und -identifizierung.* Aus Faeces oder Rachenspülwasser macht man einen NaCl-Extrakt; man zentrifugiert die begleitenden Bakterien ab und verimpft das Material auf eine Affennierenzellkultur. Dann beobachtet man, ob sich ein cytopathischer Effekt zeigt. Ist dies der Fall, so legt man von der positiven Kultur eine Passage an. Der so gezüchtete Stamm muß sich anschließend durch ein authentisches Anti-Polio-Serum I, II oder III neutralisieren lassen.
2. *Nachweis von poliospezifischen Antikörpern im Patientenserum.* Man entnimmt zwei Serumproben im Abstand von 14 Tagen und testet sie mit Hilfe der KBR oder mit dem Neutralisationstest am gleichen Tag. Ein Titeranstieg um das Vierfache oder mehr spricht für eine Polio-Infektion. Die KBR liefert bei Polio nicht immer zuverlässige Resultate.

Immunität

Die im Gefolge einer natürlichen Infektion auftretende **Immunität** gegen Poliomyelitis **ist typenspezifisch.** Vor Einführung der Schutzimpfung hat in Mitteleuropa ein großer Teil der Bevölkerung eine inapparente Infektion mit Wildstämmen durchgemacht und dadurch eine „stille Feiung" erworben. Die durch Infektion mit Wildstämmen erworbene Immunität kann auf zweierlei Weise wirksam werden:

a) Im Idealfalle wird bereits die Besiedelung der Schleimhaut verhindert. Hierfür sind Antikörper der Klasse IgA verantwortlich.
b) Bei schwächer ausgeprägter Immunität wird die Schleimhaut zwar besiedelt, die Invasion wird aber durch Neutralisation verhindert. Dies geschieht durch die Antikörperklassen IgG und IgM. Die lange Dauer der Polio-Immunität beruht vermutlich darauf, daß beim Nachlassen der Immunität eine unbemerkt verlaufende Neuinfektion als „booster" wirkt.

Die Totimpfung nach Salk

Die Salk-Vaccine ist ein sog. Totimpfstoff. Der Impfstoff besteht aus Formol-inaktiviertem Polio-Virus der drei Typen. Das Virus wird in einer Zellkultur produziert und vor der Inaktivierung gereinigt.

Bei der Herstellung des Salk-Impfstoffes bestehen prinzipiell folgende Risiken:
1. *Die übermäßige Inaktivierung.* Es erfolgt dabei eine Zerstörung der Antigenität durch überlange Formolexposition oder durch allzu hohe Formolkonzentrationen. Der Impfstoff ist dann zwar unschädlich, aber auch unwirksam.
2. *Das Übrigbleiben von aktiven, vermehrungsfähigen Viren* durch eine ungenügende Inaktivierung mit Formol. Dies führt zu iatrogenen Infektionen, u. U. mit tödlichem Ausgang.
3. *Verunreinigung des Impfstoffes mit „Pick-up-Viren".* Es sind dies aus den Affenzellen stammende, dort latent vorhandene Viren, deren Formolresistenz größer ist als diejenige des Polio-Virus. Sie gelangen trotz der Reinigung in die zur Formolbehandlung vorgesehene Viruscharge und „überleben" die Formoleinwirkung. Beispiel: Das SV-40-Virus.

Heute sind die Risiken durch die Entwicklung neuer Herstellungsverfahren weitgehend ausgeschaltet. Das Risiko einer Impfstoffpolio ist kleiner als $1 : 10^6$. Ein Teil der als Impfzwischenfälle deklarierten Schäden soll nicht durch den Impfstoff, sondern durch humorale Immundefekte des Impflings bedingt sein.

Die Anwendung der Salk-Vaccine erfolgt durch Injektion des trivalenten Totimpfstoffes. Die Impflinge sollen 3–6 Monate alt sein und erhalten die Impfung dreimal intramuskulär in Abständen von mehreren Wochen. Die Salk-Impfung wird gern in Kombination mit anderen Totimpfstoffen angewendet.

Die Salk-Vaccine ist heute zugunsten der Sabin-Vaccine in den Hintergrund getreten.

Der Impfstoff besteht aus lebenden, durch Mutation und Selektion abgeschwächten („attenuierten") Erregern der Polio. Die Abschwächung erfolgt für jeden der drei Typen durch geeignete Passagen; hierbei wird die Neuropathogenität stark reduziert, während die Infektiosität und die Antigenität erhalten bleiben (s. S. 26). Die Viren des Impfstammes infizieren den Impfling, führen zu einer inapparenten „Krankheit" und induzieren die Bildung von neutralisierenden Antikörpern; daneben bildet sich auch eine lokale, durch IgA bedingte Schleimhautimmunität aus, so daß Wildviren sich gar nicht erst ansiedeln können. Die Sabin-Impfung stellt heute die Methode der Wahl dar.

Die Sabinsche Lebendimpfung (Schluckimpfung): Methode der Wahl

Die Sabinsche Impfung wird mit monovalenten und mit trivalenten Impfstoffen vorgenommen. Die Applikation erfolgt oral; als Vehikel dient bei Säuglingen Milch, bei älteren Impflingen ein Zuckerstück. Bei der Erstimpfung des 3 Monate alten Säuglings verabreicht man im Abstand von mindestens 6–8 Wochen zweimal trivalenten Impfstoff. Wegen der möglichen Interferenz mit den im Darm des Impflings befindlichen Entero-Viren sollte in den Wintermonaten geimpft werden, da in dieser Jahreszeit die Infektionen mit Entero-Viren selten sind. Im 2. Lebensjahr erhält der Impfling einen „booster" mit trivalentem Sabin-Impfstoff, der 5 Jahre später oder im 10. Lebensjahr erneuert wird. Ist eine besondere Gefährdung anzunehmen, so sollte die Dauer des Impfschutzes nicht unbegrenzt, sondern nur mit 4–6 Jahren angenommen werden. Dies gilt für Reisende in gefährdete Gegenden und für das Laborpersonal. Gegen eine Impfung von Schwangeren bestehen keine Bedenken.

Durch die Sabin-Impfung ist die Polio in unserem Land praktisch unter Kontrolle. Eine erhebliche *Gefahr* erwächst aus der periodisch auftretenden *Impfmüdigkeit* der Eltern in Verbindung mit der Einschleppung von neuem Wildvirus, etwa durch Gastarbeiter. – Die Infektion mit dem Impfvirus führt zu dessen Ausscheidung im Stuhl und ist ebenso contagiös wie die Infektion mit Wildvirus. Die Übertragung des Impfvirus auf andere Personen ist also unvermeidlich. Eine Zeit lang hat man befürchtet, daß hierbei Rückmutationen zur Wildform selektioniert werden; dies ist glücklicherweise niemals der Fall gewesen. Trotzdem empfiehlt man bei Impfterminen, möglichst alle Nichtgeimpften auf einmal zu erfassen.

Einfluß der Polio-Impfung auf die Epidemiologie

Die Immunisierung nach *Salk* induziert zwar eine humorale Immunreaktion; es werden hierbei aber lediglich Antikörper der Klassen IgM und IgG gebildet, während die schleimhautgängigen Antikörper der Klasse IgA fehlen. Dies bedeutet, daß der Geimpfte mit Wildvirus infiziert werden kann, daß er aber vor der Generalisation dieser Infektion geschützt ist. Der Salk-Geimpfte, der eine auf die Eintrittspforte beschränkte Infektion mit Wildvirus durchmacht, kann auf diese Weise seine lückenhafte Humoralimmunität komplettieren und erwirbt dann vollen Schutz. Andererseits bringt er das Wildvirus aber zur Vermehrung und scheidet es aus. Damit ist er – obwohl selbst nicht gefährdet – zum Bestandteil des Wildvirusreservoirs geworden. Die Salk-Impfung engt somit die Verbreitung des Wildvirus nicht ein; sie schützt aber den Befallenen vor der Generalisation und damit vor Lähmungen: *Der Salk-Impfstoff „garantiert" den inapparenten Verlauf nach einer Wildvirusinfektion.*

Im Gegensatz zur Salk-Impfung induziert die *Sabin-Impfung* die Bildung von Antikörpern der Klassen IgG, IgM und IgA; zusätzlich führt sie zur cellulären Immunreaktion. Dies bedeutet, daß der Impfschutz auch eine lokale Darm- und Rachenimmunität einschließt. *Dementsprechend kann sich Wildvirus im Organismus des Sabin-Geimpften gar nicht erst ansiedeln.* Die Sabin-Impfung verkleinert somit das Wildvirusreservoir proportional mit dem Anteil der Geimpften an der Bevölkerung. Theoretisch wird bei einer vollständigen Durchimpfung der Gesamtbevölkerung das Wildvirus vollständig verschwinden und vom Impfvirus ersetzt werden. Ein solches Ereignis ist aber nicht zu erwarten, da sich ein 100%iger Impferfolg nicht erzielen läßt.

Die Infektion des Menschen mit Coxsackie-Viren verursacht Krankheitsbilder von sehr verschiedenartigen Schweregraden: Von der subklinisch bleibenden Infektion bis zur tödlichen Erkrankung beobachtet man zahlreiche Zwischenstufen. Im Experiment sind Coxsackie-Viren pathogen für Babymäuse. Man unterscheidet nach den typischen Läsionen im Babymaus-Versuch:

Coxsackie-Viren: Untergliederung

1. *Untergruppe A* mit 24 Serotypen.
2. *Untergruppe B* mit 6 Serotypen.

Die Gruppe A erzeugt bei der Babymaus eine *diffuse* Myositis, während die Gruppe B eine *herdförmige* Myositis und dazu eine nekrotisierende Fettgewebsentzündung verursacht.

Die klinisch wahrnehmbare Infektion mit Coxsackie-Viren verläuft stets fieberhaft und manchmal mit Exanthem. Folgende Symptomenkomplexe sollten den Verdacht auf eine Coxsackie-Infektion entstehen lassen:

Symptomatik der Coxsackie-Krankheit

1. *Herpangina*, d.h. eine mit Bläschen einhergehende fieberhafte Rachenentzündung. Der Patient hat Schluckbeschwerden. Die Herpangina wird vornehmlich durch die Viren der Untergruppe A verursacht.
2. *Schnupfen* und *Pharyngitis*. Einige Coxsackieviren erzeugen ein Krankheitsbild, welches als banaler Schnupfen oder als fieberhafte Pharyngitis auftritt.
3. *„Sommergrippe"*, d.h. eine unter dem Bilde der Erkältungskrankheit verlaufende fieberhafte Infektion im Frühjahr, Sommer und Frühherbst. Hier kommen alle Typen in Betracht.
4. *Pleurodynie* (Synonyme: Bornholmsche Erkrankung, epidemische Myalgie). Die Patienten klagen über plötzlich auftretendes Unwohlsein mit Fieber und Brustschmerzen, z.T. auch über Leibschmerzen. Dieses Krankheitsbild wird vor allem durch Viren der Untergruppe B hervorgerufen.
5. *Abakterielle Meningitis*. Es kommt zum Meningismus mit Fieber, Nackensteifheit, geringgradiger Zellvermehrung im Liquor und gelegentlich zu lokalen Pseudoparesen aufgrund von myalgischer Muskelschwäche. Die „Paresen" bilden sich stets vollkommen zurück. Hauptursache der Meningitis sind die Viren der Untergruppe B, aber auch Viren der Untergruppe A.
6. *Das myokarditische Bild*. Beim Neugeborenen und bei Säuglingen verursachen die Viren der Gruppe B eine Myokarditis mit hoher Letalität (sog. Säuglingsmyokarditis). Tritt der Tod nicht ein, so erholen sich die kleinen Patienten aber vollständig. Die Symptome sind Cyanose, Dyspnoe und Tachy-

kardie. Beim Erwachsenen kommt es durch die Viren der Untergruppen A und B zu einer akuten Myokarditis bzw. Myoperikarditis, deren Bild manchmal an einen Infarkt erinnert. 5% aller apparent verlaufenden Infektionen durch Coxsackie-Virus sollen mit Beteiligung des Herzens einhergehen. Die Prognose der Erkrankung beim Erwachsenen ist besser als beim Neugeborenen.

7. *Exantheme* des Boston-Typs (generalisiert und Röteln-ähnlich) oder des sog. „hand, foot and mouth disease" (Bläschen auf Handinnenfläche, Fußsohle und Mundschleimhaut).

Pathogenese: Analog der Polio	Eintrittspforte der Coxsackie-Viren ist der Nasen-Rachen-Raum und der Dünndarm. Es kommt hier wie bei der Polio zur lokalen Vermehrung, anschließend zur Generalisation und zur sekundären Absiedelung und Vermehrung in den Zielorganen (Muskeln, Meningen, Herz).
Virologische Diagnose	Bei Verdacht auf Coxsackie-Infektion untersucht man in der akuten Krankheitsphase Rachenspülwasser, Liquor und Stuhl. In der Rekonvalescenz ist nur die Stuhluntersuchung sinnvoll. Die primäre Verimpfung des infektiösen Materials erfolgt auf Babymäuse und auf Affennierenzellkulturen. Alle Coxsackie-Viren gehen, auf Babymäuse gebracht, gut an; auf Zellkulturen lassen sich dagegen nur Stämme der Untergruppe B zur Vermehrung bringen. In der praktischen Diagnostik wird eine Typendifferenzierung deshalb nur für die Untergruppe B durchgeführt, da der Neutralisationstest mit Hilfe der Babymaus zu aufwendig ist.
Epidemiologie: Analog der Polio	Die Coxsackie-Viren sind in der ganzen Welt verbreitet. Virusreservoir ist der Mensch. Die Mehrzahl der Erkrankungsfälle wird nicht diagnostiziert oder bleibt symptomlos. Die Übertragung erfolgt von Mensch zu Mensch auf fäcal-oralem Weg und durch Tröpfcheninfektion. Innerhalb eines Haushaltes ist eine Ausbreitung unvermeidlich, sobald ein Familienmitglied infiziert wird. Eine Schutzimpfung steht nicht zur Verfügung. Die durch Überstehen der Krankheit erworbene Immunität ist dauerhaft, so daß ältere Personen seltener infiziert werden.
Erkrankung durch ECHO-Viren: Klinisch von Coxsackie-Viren kaum zu trennen	ECHO-Viren sind weit verbreitet; sie können aus dem Darminhalt von zahlreichen klinisch gesunden Menschen gezüchtet werden. Die Infektion mit ECHO-Viren verläuft in der überwiegenden Mehrzahl der Fälle inapparent. In relativ wenigen Fällen kommt es zu fieberhaften Erkrankungen mit gelegentlichem Ausbruch von papulös-maculösen Exanthemen. Es können sich dabei die folgenden Syndrome herausbilden: Meningitis, Myalgie, Pharyngitis, Schnupfen, Gastroenteritis, fieberhaftes Exanthem (Boston-artig), übertragbare hämorrhagische Conjunctivitis.

Es gibt innerhalb der ECHO-Gruppe *37 verschiedene Serotypen.* Die Immunität ist typenspezifisch. Im Unterschied zu den Coxsackie-Viren zeigen die ECHO-Viren keine Infektiosität für Säuglingsmäuse. Sie lassen sich aber auf Zellkulturen züchten; Affennierenzellen und menschliche Amnionzellen sind hierzu geeignet.

Typenvielfalt, keine Pathogenität für Babymäuse

Bei klinischem Verdacht untersucht man während der akuten Phase Rachenspülwasser, Liquor und Stuhl (Analabstriche). In der Rekonvalescenz ist nur die Stuhluntersuchung aussichtsreich. Das Material wird auf Zellkulturen von Mensch und Affe verimpft. Die Identifizierung erfolgt nach Angehen des Virus durch Neutralisation mit bekannten Seren. Nicht selten werden Virusgemische isoliert. Hier ist eine „Klonierung" durch Abimpfung einzelner Plaques notwendig. Die serologische Untersuchung der Kranken ist wegen der stillen Durchseuchung und der Typenvielfalt ohne diagnostischen Wert.

Laboratoriumsdiagnose

ECHO-Viren sind über die ganze Welt verbreitet. Ihr Keimreservoir ist der Mensch. Die stille Durchseuchung spielt eine große Rolle. Eine dauernde Ausscheidung von Virus gibt es nicht: Das Virus erscheint nur in Verbindung mit der akuten Infektion. Die Infektion erfolgt von Mensch zu Mensch auf *fäcal-oralem Weg* oder als *Tröpfcheninfektion.* Der Erreger breitet sich im Familienmilieu schnell und leicht aus, besonders bei schlechten Lebensverhältnissen. Die Ausbreitung erfolgt wegen des subklinischen Verlaufs meistens unbemerkt. Eine besondere Prophylaxe existiert nicht. In Kinderstationen sollte auf eventuelle Erkrankungen des Pflegepersonals geachtet werden (Exanthem).

Epidemiologie: Analog der Polio

Die Rhino-Viren sind neben anderen Viren (!) Erreger des Schnupfens („common cold"). Ihr Wirtsspektrum ist eng: Sie sind nur für Menschen pathogen. Es gibt über 90 Serotypen. Die Antigenität ist schwach, so daß keine dauerhafte Immunität entsteht. Rhino-Viren zeigen nach der Infektion der Nasenschleimhaut niemals eine Generalisation; sie befallen auch niemals andere Schleimhäute. Dies ist für die klinische Differentialdiagnose gegen Adeno-, Coxsackie- und ECHO-Viren u. U. wichtig.

Rhino-Viren: Erreger des banalen Schnupfens

Sie können in Zellkulturen aus menschlichem Material zur Vermehrung gebracht werden. Die Züchtung gelang erst, als man die Temperatur und das pH der Kultur den Verhältnissen der Nasenschleimhaut beim Lebenden anglich (Optimum 33°C, leicht saures pH).

Das MKS-Virus ist der Erreger einer Zoonose, die vornehmlich Paarhufer (Rinder, Schweine, Schafe, Ziegen) befällt; die Erkrankung hat große Bedeutung für die Landwirtschaft. Die Krankheit wird selten auf den Menschen übertragen (Kontakt mit krankem Vieh, Verzehr von infizierten Nahrungsmitteln animaler Herkunft).

Maul- und Klauenseuche (MKS)

Beim Vieh führt die Infektion zu einer mit Bläschenbildung und Speichelfluß einhergehenden Entzündung der Mundhöhlenschleimhaut und der Haut in der Nähe der Klauen. Beim Menschen sind die Krankheitssymptome der Mundhöhle ähnlich wie beim Tier; dazu kommen bläschenbildende Exantheme an Händen und Füßen, vornehmlich in der Nähe der Finger und Zehen. Die Krankheit ist hochgradig contagiös. Der Inhalt der schnell aufbrechenden Bläschen ist reich an Virus. Erkrankungen des Menschen sind im Verhältnis zur Erkrankungshäufigkeit beim Vieh selten.

Das MKS-Virus ist neben den Parvo-Viren das kleinste Viruspartikel, welches wir kennen; es mißt nur 20 nm im Durchmesser.

Das MKS-Virus kommt in zahlreichen Typen und Subtypen vor. Die künstliche Erzeugung einer lange währenden Immunität ist schwierig. Die Impfung erfolgt für das Vieh mit Tot- und neuerdings auch mit Lebendimpfstoff. Die Erfolge sind begrenzt. Die Landwirtschaftsverwaltungen der europäischen Länder ergreifen beim Ausbruch von MKS rigorose Absperrmaßnahmen mit Quarantäne, Importstopps und Schlachtpflicht für erkranktes Vieh.

B. Arbo-Viren

Arbo-Viren:
Heterogene Gruppe von DNA- und RNA-Viren mit gleichem Übertragungsmodus

Das Präfix „Arbo" (Kunstwort) bezieht sich auf die Tatsache, daß diese Viren durch Arthropoden übertragen werden („Arthropod borne"). Die Gruppe der Arbo-Viren umfaßt mindestens 200 verschiedene Erreger; sie ist im Hinblick auf die jeweils entstehenden Krankheitsbilder, auf den Übertragungsmodus, auf die Antigenität sowie die Struktur äußerst heterogen. Die Arbo-Viren sind besonders in den Tropen weit verbreitet und dort endemisch. Einige von ihnen kommen auch in Europa sporadisch vor. Die meisten Infektionen verlaufen subklinisch und führen zur stillen Durchseuchung der Bevölkerung. Wird die Krankheit manifest, so verläuft sie bei gewissen Virustypen stets milde; für andere Viren kann der manifeste Verlauf aber schwer, u. U. sogar tödlich sein.

Eigenschaften der Arbo-Gruppe:
DNA- oder RNA-Viren mit Capsid und „envelope"; Übertragung durch Insekten

Die Charakteristika der Arbo-Virus-Gruppe lassen sich in vier Punkten zusammenfassen:
1. Es sind DNA- oder RNA-Viren von sehr unterschiedlicher Größe (50–140 nm) und Gestalt.
2. Sie bestehen aus einer Nucleinsäure, einem schalenförmigen Capsid und besitzen z.T. eine außen liegende Hülle („envelope").

3. Sie befallen verschiedene Vertebraten und werden ausschließlich durch Insekten übertragen.
4. Sie sind, wenn sie ein „envelope" besitzen, zur Hämagglutination befähigt und Äther-empfindlich.

Die Arbo-Viren können nach dem Gesichtspunkt des Baues und der Antigeneigenschaft noch nicht konsequent eingeteilt werden, da ihre Heterogenität sehr groß ist. Man behilft sich damit, daß man die serologisch charakterisierbaren Untergruppen A, B und C von einem immunologisch nicht gruppierbaren Rest abtrennt. Für den Arzt unserer Breiten genügt eine grobe Gruppierung nach dem Vektor.

Das Kunterbunt der Arbo-Viren ist wissenschaftlich noch nicht systematisiert

Als Vektor bezeichnet man das für die Übertragung von Wirt zu Wirt notwendige lebende Vehikel. Im Falle der Arbo-Viren kommen als Vektoren drei Arthropodenarten in Betracht. Dementsprechend unterscheidet man nach dem Übertragungsmodus die folgenden Arbo-Untergruppen:
1. Übertragung durch Mücken: Virus des *Dengue-Fiebers*, des *Gelbfiebers*, *Viren der Pferde-Encephalitis* („western equine", „Venezuela" u.a.).
2. Übertragung durch Sandmücken: Virus des *Pappataci-Fiebers*.
3. Übertragung durch Zecken: Virus der *russischen Encephalitis*, der *zentraleuropäischen Frühsommer-Encephalitis*, der Drehkrankheit der Schafe („louping ill"), des *Colorado-Fiebers*.

Grobe Einteilung nach dem Vektor: Beispiele

Bei den manifesten Infektionen mit Arbo-Viren kann man hinsichtlich der klinischen Symptomatik drei Syndrome herausschälen. Allen dreien gemeinsam ist der hoch fiebrige Charakter. Hierbei fällt das Fieber nach einer Initialphase häufig ab und steigt dann wieder an (biphasischer Verlauf). Anhand der einzelnen Symptome ergeben sich folgende Prototypen:
1. Gelenkschmerzen und Exanthem oder eines dieser beiden Zeichen. Beispiel: Das in Indien vorkommende Dengue-Fieber.
2. Schädigung von Leber und Niere mit Gelbsucht und Albuminurie. Beispiel: Das in Mittel- und Südamerika vorkommende Gelbfieber. Hämorrhagien treten in wechselndem Ausmaß hinzu.
3. Benommenheit, Schlafsucht, Krämpfe (meningo-encephalitisches Bild). Beispiel: Die in Ost- und Südosteuropa vorkommende Frühjahrs- und Sommer-Encephalitis.

Drei typische Syndrome

Das Gelbfieber-Virus hat ein sehr *breites Wirtsspektrum*; es befällt eine Reihe von sehr verschiedenartigen Vertebraten. Das lebende Virusreservoir umfaßt dementsprechend Vögel, Affen, Fledermäuse, Schlangen und Menschen. Als Überträger für die Infektion des Menschen dient ausschließlich die als Aedes aegyptii bezeichnete Stechmücke. Die Krankheit kann von Mensch

Gelbfieber: Epidemiologie

zu Mensch oder vom Tier auf den Menschen übertragen werden. Im ersten Fall spricht man von einer *homogenen Infektkette*, im zweiten Fall von einer *heterogenen Infektkette*. Die homogene Infektkette des Typs „Mensch-Mücke-Mensch" kommt in dicht besiedelten Gegenden vor (städtischer Übertragungsmodus). Die heterogene Infektkette des Typs „Affe-Mücke-Mensch" wird in den tropischen Wäldern beobachtet; sie stellt eine Seitenlinie der im Urwald vornehmlich ablaufenden Infektkette „Affe-Mücke-Affe" dar. – Durch gezielte Mückenbekämpfung sind im Hinblick auf die Gelbfieber-Prophylaxe schon sehr früh große Erfolge erzielt worden, z.B. beim Bau des Panama-Kanals zu Anfang dieses Jahrhunderts.

Die Gelbfieber-Schutzimpfung: Lebendimpfstoff

Es gibt zwei Impfstoffe. Beide beruhen auf dem *Prinzip des Lebendimpfstoffes*.
Folgende Lebendstämme werden verwendet:
1. Der D-17-Stamm von Theiler. Es handelt sich um einen an die Verhältnisse des bebrüteten Hühnereies adaptierten, vermehrungsfähigen Stamm, der als Lyophilisat im Handel ist. Komplikationen: Allergie gegen Hühnerei-Antigene.
2. Der Dakar-Stamm. Es handelt sich um einen an Mäuse adaptierten Stamm.

In Deutschland findet meistens der D-17-Stamm Verwendung. Die durch Impfung erworbene Immunität hält etwa 10 Jahre an. Für die Durchführung der Impfung braucht der Arzt eine besondere Lizenz der Weltgesundheitsorganisation. Zur Impfung genügt eine einmalige subcutane Injektion. Empfohlen bzw. verlangt wird die Impfung bei Reisen nach Mittel- und Südamerika sowie nach Zentral- und Ostafrika.

Das Virus der Zecken-Encephalitis

In Zentraleuropa kommt es durch dieses Virus vor allem in Österreich und der CSSR relativ häufig zu Infektionen des Menschen. Als Erreger-Reservoir dienen wildlebende kleine Nagetiere; die Übertragung von Tier zu Mensch erfolgt durch Zecken. Vergleichbare Herde hat man jetzt auch in waldreichen Gegenden unseres Landes beobachtet.

C. Reo-Viren und Rota-Viren

Reo-Viren:
Sonderstellung als Träger einer doppelsträngigen (!) RNA

Die in drei Serotypen vorkommenden Reo-Viren gehören zu den großen RNA-Viren. Die Bezeichnung „Reo" ist ein Kunstwort („respiratoric enteric orphan").
Man hat die Reo-Viren anfänglich der ECHO-Gruppe zugerech-

net und sie als ECHO-Typ 10 bezeichnet. Erst später wurde bekannt, daß diese Viren im Hinblick auf ihre Struktur ein Unicum darstellen: Sie besitzen im Gegensatz zu allen übrigen RNA-Viren eine *doppelsträngige* und nicht eine *einsträngige* RNA. Diese Besonderheit ist maßgebend dafür, daß man ihnen in der Systematik eine eigene Position einräumt.

Eine Infektion mit Reo-Viren hat man bisher mit Sicherheit einem bestimmten Krankheitsbild nicht zuordnen können, obwohl Reo-Viren bei Patienten mit Schnupfen oder Enteritis vorkommen. Keines dieser Krankheitsbilder hat eine einheitliche Ätiologie: Schnupfen kann auch durch Rhino-Viren oder Adeno-Viren erzeugt werden; Enteritis kann durch Viren ebenso bewirkt werden wie durch Infektionen mit Bakterien (Salmonellen, Dyspepsie-Coli, Staphylokokken).

Erkrankungen durch Reo-Viren: Schnupfen und Enteritis (?)

Bei der elektronenmikroskopischen Direkt-Untersuchung von Stuhlmaterial junger Kinder, welche die Symptome einer akuten Gastroenteritis zeigen, wurden Viruspartikel mit einer auffallenden Morphologie entdeckt: Sie bestehen aus 2 konzentrisch angeordneten Capsiden, die das Bild eines Rades mit Speichen ergeben. Rota-Viren enthalten ebenso wie die Reo-Viren eine Doppelstrang-RNA.

Rota-Viren: Erreger der Gastroenteritis

Im Stuhl befinden sich bis 10^{11} Partikel pro Gramm. 50% aller Enteritis-Fälle bei Kleinkindern und Säuglingen werden durch diese Viren erzeugt (!). Mit 2 Jahren sind fast alle Kinder Antikörper-Träger. Es gibt noch ein weiteres derartiges Virus.

Vergleichbare Viren lassen sich bei vielen Tierspecies nachweisen. Kreuzreagierende Antigene und typenspezifische Antigene lassen sich mit der KBR oder der Immun-Fluoreszens feststellen. Bisher haben sich keine cytopathischen Effekte nachweisen lassen. Die Viren vermehren sich jedoch in gewissen Zellarten, so daß man sie nach der Fixierung für den IF-Test verwenden kann. Die hohe Durchseuchung macht die Entwicklung eines Impfstoffes erforderlich.

D. Myxoviren

Myxo-Viren[13] sind mittelgroße RNA-Viren mit einem schlauchförmigen Nucleocapsid; dieses ist in Form eines kugeligen Knäuels in Lipoide eingelagert und außen von einer lipidhalti-

Myxo-Viren: Struktur und biologische Merkmale

---

[13] Myxos (grch): Schleim.

gen Hülle („envelope") umgeben (s. S. 4). Hauptvertreter sind die Erreger der Influenza, des Mumps und der Masern.
Für die Abgrenzung und Systematik der Myxo-Viren sind folgende Eigenschaften maßgebend:
1. Myxo-Viren sind *Äther-empfindlich*, d. h. sie verlieren nach Ätherbehandlung ihre Infektiosität.
2. Myxo-Viren werden an Erythrocyten gebunden und vernetzen diese; auf diese Weise kommt es zur *Hämagglutination*.
3. Ein Teil der Myxo-Viren enthält als Partikelbestandteil einen wirksamen Betrag an *Neuraminidase* („receptor destroying enzyme", RDE). Man unterscheidet in der Systematik dementsprechend RDE-haltige Myxo-Viren von RDE-freien Myxo-Viren.

Gliederung

Die Myxo-Virus-Gruppe (in weiterem Sinne) besteht aus den stets RDE-haltigen **Orthomyxo-Viren** und den **Paramyxo-Viren**; letztere gliedert man in solche mit RDE und solche ohne RDE, so daß letztlich drei Gruppierungen entstehen:
I. **Orthomyxo-Viren** (Influenza-Viren). Sie enthalten RDE (s. S. 52) und sind menschen- und tierpathogen.
1. *Menschenpathogen* (Influenza-Viren)
Man unterscheidet drei Typen:
Typ A ist der Erreger der pandemischen und epidemischen Influenza (Grippe). Er umfaßt zahlreiche Subtypen, die von Pandemie zu Pandemie wechseln (Subtypenwandel, Antigenwandel).
Die Typen B und C verursachen vorwiegend lokale Grippe-Epidemien und zeigen nur in geringem Maße Antigenwandel.
2. *Tierpathogen*
Hierher gehören die Klassische Geflügelpest, die Schweine-Influenza u. a. m.
II. **Paramyxo-Viren mit RDE.** Hier unterscheidet man:
1. *Para-Influenza-Viren*. Sie umfassen die Typen 1, 2, 3 und 4. Es existieren keine Subtypen. Erkrankungen bei Kindern: Pneumonie, Bronchiolitis, Tracheo-Laryngitis (Croup). Bei Erwachsenen: Bronchitis, Pharyngitis, Schnupfen.
2. *Mumps*
3. Das *Newcastle-Virus*. Es ist der Erreger der atypischen Geflügelpest und einer Conjunctivitis beim Menschen (Arbeiter auf Hühnerfarmen).
III. **Paramyxo-Viren ohne RDE.** Diese Gruppe wurde früher als Pseudomyxoviren bezeichnet. Hierher gehören die Erreger der folgenden Krankheiten:
1. Das sog. *RS-Virus* („respiratory syncytial"-virus). Es verursacht bei Säuglingen und Kleinkindern Bronchiolitiden und Pneumonien. In Zellkulturen induziert es die Bildung von

Syncytien. Es bildet kein Hämagglutinin. Bei Erwachsenen verursacht es in der Regel milde verlaufende Katarrhe der oberen Luftwege.
2. *Masern*
3. *Hundestaupe*
4. *Rinderpest.*
Den letzten beiden Krankheiten kommt kein humanmedizinisches Interesse zu.

Eintrittspforte und zugleich Ansiedlungsort ist der Respirationstrakt, insbesondere die Bronchialschleimhaut. Das im Virion enthaltene RDE kann den Bronchialschleim verflüssigen. Auf diese Weise dringt das Viruspartikel leichter zu den Bronchialzellen vor; es kann dort durch die Adsorption an die Membranreceptoren den Vermehrungscyclus einleiten.

Die Influenza-Viren bleiben nach dem Infekt *im Bronchialbaum* und zeigen *keine Generalisationstendenz.* Sie führen zu einer Epithelschädigung mit Transsudation, Nekrose und Desquamation; hierdurch wird die örtliche Resistenz gegenüber bakteriellen Infektionen vermindert. Dementsprechend wird die Influenza oft durch sekundäre Infektionen in Form von bakteriellen Bronchopneumonien kompliziert. Diese sind häufig die Todesursache.

Bei Erwachsenen verläuft die Influenza als *hochfieberhafte Bronchitis* mit typischen Gliederschmerzen; bei Kindern kann sich ein Croup-artiges Bild entwickeln. Gelegentlich wird eine Myocarditis beobachtet; in einigen Fällen tritt eine Radiculitis bzw. eine Polyradiculitis auf. Besonders gefährdet sind kleine Kinder und Greise (Bronchopneumonie-Gefahr), Leute mit chronischen Lungen- und Herzkrankheiten (Kreislaufversagen) und schließlich Stoffwechselkranke und Schwangere. – Die Inkubationszeit beträgt 1–2 Tage. Die Krankheit ist nach 8–10 Tagen meistens vorbei. Dies bedeutet, daß für die Heilung einer Influenza die Antikörper zu spät kommen. Beim Nicht-Immunisierten fällt die Hauptrolle bei der Überwindung der Infektion vermutlich dem Interferon zu.

Influenza: Pathogenese Klinik

Der zur Haemophilus-Gruppe gehörende H.influenzae (Pfeiffer) ist in der vorvirologischen Ära irrtümlich als Erreger der pandemischen Influenza angesehen worden. Aus Grippefällen des Jahres 1892 ist er besonders häufig isoliert worden. Er spielt als Erreger der sekundärbakteriellen Pneumonie eine Rolle. Möglicherweise wirkt er als begünstigendes Moment für die Infektion mit dem Virus.

Rolle der Pfeifferschen Influenza-Bakterien

Das Influenza-Virus besteht aus einem schneckenartig (helicoidal) aufgeknäuelten Ribonucleocapsid, das von einer Hülle („envelope") umgeben ist (s. S.4). Das Virion ist sphärisch und mißt etwa 100 nm. – Auf der Außenfläche der Hülle sitzen die

Die Struktur des Influenza-Virus

Spikes; es sind dies speichenartige Gebilde, die über die Oberfläche der Hülle hinausragen.

Die Ätherspaltung des Virus	Schüttelt man intakte Partikel des Influenza-Virus mit Äther, so kann man elektronenoptisch und serologisch folgende Partikelfragmente bzw. deren Aggregate nachweisen (s. auch S. 6);

1. Hämagglutinintröpfchen von ca. 30 nm. Sie entstehen durch Zusammenlagerung einzelner Hüllfetzen.
2. Das Ribonucleocapsid. Es sind fädige Bruchstücke von 10 nm Durchmesser und durchschnittlich 60 nm Länge. Der Originalfaden des Nucleocapsids ist im Virus sehr viel länger; die Ätherschüttelung zerreißt ihn in Fragmente. Das Ribonucleocapsid-Präparat, welches man nach Ätherbehandlung erhält, ist so kleinpartikulär, daß es als löslich betrachtet werden muß. Es wird deswegen auch S-Antigen („soluble antigen") genannt. Die Fragmente bestehen aus einer „RNA-Seele" und einem diese „Seele" einhüllenden „Capsidschlauch".
3. Lösliche Lipoide, die auch als „Kittsubstanz" bezeichnet werden. Sie halten beim intakten Viruspartikel das Hämagglutinin und den Nucleocapsidschlauch zusammen.

Lokalisation der Aktivitäten

Das Viruspartikel der Influenza ist funktionell komplex: Seine Bauelemente sind biologisch in verschiedener Hinsicht wirksam:

I. *Die Hülle* trägt folgende Aktivitäten bzw. funktionell wirksame Strukturen (Receptoren):
   1. Die hämagglutinierende Aktivität (s. Labormethoden).
   2. Die Antigendeterminanten, die für die Neutralisation und für die Hämagglutinationshemmung (s. Labormethoden) maßgebend sind.
   3. Die Neuraminidase-Aktivität (RDE-Aktivität); sie ist in der Hülle des Virions neben den Spikes lokalisiert.
   4. Das Influenza-Pyrogen.

II. *Das Nucleocapsid* ist Sitz der Capsid-Antigene. Diese haben keine Beziehung zur Neutralisation und auch nicht zur Hämagglutinationshemmung; ihre Reaktion mit den homologen Antikörpern kann durch Komplementbindung nachgewiesen werden.

Induktion von protektiven und von nichtprotektiven Antikörpern durch Bestandteile des Influenza-Virus

Das für die Erlangung des Immunitätsschutzes maßgebliche Antigen des Influenza-Virus ist das außensitzende Hämagglutinin: Es induziert die Bildung von neutralisierenden und zugleich hämagglutinationshemmenden Antikörpern. Das Capsid regt zwar auch die Bildung von Antikörpern an, es liegt jedoch im Inneren des Partikels und liefert für die Neutralisation keinen Ansatzpunkt. Die „envelope" induziert somit die Bildung von *protektiven* Antikörpern, während das *Capsid* zur Bildung von *nicht-protektiven* Antikörpern stimuliert.

Man bezeichnet die Gesamtheit all derjenigen Virusstämme, welche das gleiche Capsid-Antigen haben, als Typ (A oder B oder C). Ein und derselbe Typ weist bei konstantem Capsid-Antigen hinsichtlich seiner Hülle wesentliche Strukturverschiedenheiten auf: Er kommt in Form mehrerer, serologisch distinkter Subtypen vor (z.B. A1 oder A2). Zwei Viruspartikel eines Typs gehören nur dann zum gleichen Subtyp, wenn sie in ihrer „envelope"-Struktur identisch oder teil-identisch sind. Träger der *Typeneigenschaft* ist somit das *Capsid*, während die *Subtypeneigenschaft* in der **Hülle** sitzt. – Für die Typenbestimmung braucht man somit bekannte (typspezifische) Antikörper gegen Capsidmaterial; für die Subtypenbestimmung braucht man bekannte (subtypenspezifische) Antikörper gegen das Hüllmaterial.

Zur Neutralisation befähigt und damit protektiv sind, wie schon erwähnt, nur die Antikörper gegen das Hüllmaterial; die gegen das Capsid gerichteten Antikörper sind zur Neutralisation unfähig und dementsprechend nicht protektiv. Der Immunitätsschutz (Feiung) eines Influenza-Rekonvaleszenten bezieht sich somit nicht auf den Typ, sondern nur auf den Subtyp des für die eben durchgemachte Infektion verantwortlichen Virus: *Der Immunitätsschutz ist subtypenspezifisch.*

Typ und Subtyp beim Influenza-Virus:
Die Immunität ist subtypenspezifisch

Das Hüllmaterial wird mit Hilfe bekannter, subtypenspezifischer Antikörper charakterisiert. Man verwendet dazu den Hämagglutinations-Hemmungstest oder den Neutralisationstest. Das Capsidmaterial wird mit Hilfe von bekannten typenspezifischen Antikörpern in der Komplementbindungsreaktion bestimmt. Man pflegt deshalb das Capsidmaterial als „Komplementbindendes Antigen" zu bezeichnen. Dieser Terminus ist streng genommen unrichtig: Auch Hüllmaterial ergibt mit dem homologen Antikörper eine Komplementbindung. Der Effekt der Hämagglutinationshemmung ist aber viel einfacher darzustellen und spezifischer, so daß die Komplementbindungsreaktion de facto nur für den Nachweis des Capsidmaterials verwendet wird.

Identifikation der Antigene mittels bekannter Immunseren

Die Influenza ist eine hochcontagiöse Krankheit. Als Virusquelle dient in Epidemiezeiten der kranke und der subklinisch infizierte Mensch. Die Übertragung erfolgt durch Tröpfcheninfektion. Haupterkrankungszeit ist der Winter. Die Hälfte der Infizierten machen die Krankheit symptomlos oder symptomarm durch. Der Aufenthaltsort des Influenza-Virus zwischen den großen Pandemien (s. S. 76) ist nicht bekannt; möglicherweise dient das in Ostasien gehaltene Hausschwein als primäres Virusreservoir. Epidemiologisch unterscheiden sich die drei Influenza-Typen A, B und C in zweierlei Hinsicht:
1. Der *Typ A* breitet sich typischerweise *pandemisch* aus, während die *Typen B und C* vornehmlich *endemisch* oder *sporadisch* auftreten.

Epidemiologie:
Hochcontagiös;
Pandemien (A)
und Endemien (B, C)

2. Der *Typ A* – und in geringem Maße der Typ B – zeigen das Phänomen des *Antigenwandels*.

Antigenwandel:
Antigendrift und
Antigenshift

In den letzten 50 Jahren haben fünf verschiedenartige Subtypen der A-Influenza jeweils eine Pandemie verursacht. Es sind dies:

A/swine	1918
A_0	1934
A 1	1947
A 2 Asia	1957
A 3 Hongkong	1968.

Die Subtypen der Influenza kommen *zeitlich gesehen nicht nebeneinander vor, sondern nacheinander:* Sie lösen sich gewissermaßen ab. Hat ein gegebener Subtyp in einem bestimmten Jahr eine Pandemie verursacht, so folgen periodisch und zwar im Abstand von 2–3 Jahren Epidemien mit wesentlich geringerer Erkrankungszahl („Nachwellen"). Hierbei erkranken solche Personen, die während der Pandemie nicht oder nur schwach immunisiert worden sind. Die Nachwellen erfassen sukzessive immer weniger Personen; sie treten zuerst als örtlicher Seuchenherd und schließlich in Gestalt von sporadischen Fällen auf. Ein Subtyp erfaßt im Laufe seiner 15–20 Jahre währenden „Amtszeit" bis zu 70% der Weltbevölkerung; bei dieser Durchseuchungsquote ist die Immunität so weit verbreitet, daß der Subtyp praktisch verschwindet: Die Seuche ist damit als Pandemie erloschen. Die von kleinen Epidemien ausgefüllte Pause währt so lange, bis ein neuer Subtyp entsteht. Dieser „debütiert" dann mit einer Pandemie, da er in der Lage ist, die Massenimmunität, wie sie durch den vorigen Subtyp hervorgerufen worden ist, zu unterlaufen. Das periodische, alle 10–20 Jahre zu beobachtende Auftauchen neuer Subtypen der A-Influenza nennt man *Antigenwandel* („antigenic shift"). Es ist unbekannt, in welchem Virusreservoir sich die neuen Subtypen des „antigenic shift" bilden. Außerhalb des in langen Zeiträumen erfolgenden „großen" Antigenwandels (Entstehung neuer Subtypen) kommen zwischenzeitlich kleinere Antigenveränderungen vor; sie führen nicht zu neuen Subtypen, sondern nur zu Abwandlungen des alten Subtyps (Subtypenvarietäten). Die Subtypenvarietäten spielen bei den Nachwellen in der Zeit zwischen den Pandemien eine wesentliche Rolle. Die Entstehung der Subtypenvarietäten wird „antigenic drift" genannt.

Bekämpfung

Influenza ist nur bei Todesfällen meldepflichtig. Die Infektion von Mensch zu Mensch ist in dicht besiedelten Orten unvermeidlich und kann durch allgemeine Maßnahmen, wie die

Schließung von Schulen, Theatern, Versammlungsverbote u.a., nicht beeinflußt werden. Als einzig wirksame Maßnahme kommt die Schutzimpfung in Betracht. Besonders indiziert ist die Impfung von solchen Personen, für welche die Krankheit ein besonderes Risiko bedeutet (Kleinkinder, Greise u.a.m.), sowie von Personen, die öffentliche Dienstleistungsaufgaben wahrnehmen (Ärzte, Krankenhauspersonal, Verkehrsbedienstete, Polizisten, Arbeiter in Versorgungsbetrieben). Die Impfung hat bei Übereinstimmung mit dem infizierenden Subtyp einen Schutzeffekt von etwa 50–80%, d.h. von 1000 Geimpften erkranken schließlich nur 100–250. Der Schutzeffekt beträgt nur etwa 1 Jahr. – Die Chemotherapeutica der Adamantanamingruppe haben sich prophylaktisch als wirksam erwiesen.

Die Schutzimpfung gegen Influenza beruht auf dem Prinzip des Totimpfstoffes. Es sind zwei Situationen denkbar, auf die man sich jeweils einstellen muß:

Prinzip der Schutzimpfung

1. Das pandemische *Auftreten eines vorher unbekannten Subtyps* mit gänzlich neuem Antigenmuster als Resultat des „antigenic shift".

2. Die nicht pandemisch auftretenden *Erkrankungen mit einem bereits bekannten*, in der Antigenität nur unwesentlich veränderten Subtyp (Subtypenvarietät) als Resultat des „antigenic drift".

ad 1. Bei der ersten Situation („neuer Subtyp im Anmarsch") ist ein polyvalenter, die bisher bekannten Subtypen umfassender Impfstoff gänzlich unwirksam. Hier muß man in aller Eile eine monovalente Totvaccine aus dem neuen Subtyp herstellen. Da sich die Pandemien in der Regel von Osten nach Westen bewegen und von ihrem ostasiatischen Ausgangspunkt bis nach Europa mehrere Wochen benötigen, hat man Zeit, sich den neuen Subtyp zu beschaffen und die Vaccine herzustellen.

ad 2. Gegen das nicht pandemische Auftreten von Influenza durch bereits bekannte und nur leicht veränderte Subtypen („Nachwellen der Pandemie") kann man eine polyvalente Totvaccine aus den in den letzten Jahren aufgetretenen Subtypen der Influenza A und B mit befriedigendem Erfolg verwenden. Dieser Impfstoff ist dem als Subtypenvarietät auftretenden Erreger gegenüber zwar nicht immer streng homolog; die Immunisierung ist aber ausreichend. Der Impfstoff wird in letzter Zeit besonders empfohlen, da sich die Subtypen A 2 und A 3 als antigenschwach erwiesen haben: Die Immunität bildet sich nach dem ersten Seuchenzug bei vielen Menschen innerhalb von 1–2 Jahren soweit zurück, daß sie für eine neue Infektion mit dem gleichen Subtyp empfänglich sind.

| Der Influenza-Impfstoff | Der Influenza-Impfstoff besteht aus fragmentierten Virionen (Spaltung durch Tween 80) oder aus gereinigtem Hämagglutinin des jeweils verwendeten Subtyps. Das Virus wird in der Allantoishöhle des Bruteies zur Vermehrung gebracht, gereinigt und aufgearbeitet. Das Antigen-Material wird zur Impfung in der Regel mit Adjuvantien verabreicht. Maßgebend für den immunisatorischen Effekt des Impfstoffes ist dessen Gehalt an antigenisch intaktem Hüllmaterial. Der Impfstoff ist gut verträglich. |

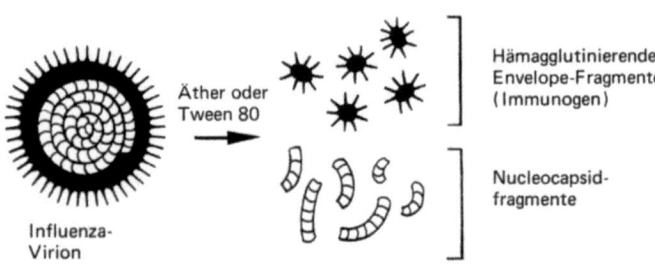

Spaltung des Influenza-Virus

Virologische Diagnose	Die Laboratoriumsdiagnose der Influenza stützt sich auf die Virusisolierung und den Nachweis virusspezifischer Antikörper im Patientenserum.
	1. *Isolierung.* Innerhalb der ersten Krankheitstage verimpft man Rachenspülwasser[14] bzw. Rachenabstrichmaterial; beim Nachweis post mortem verimpft man eine Aufschwemmung aus infiltriertem Lungengewebe. Die Verimpfung erfolgt meistens in die Amnionhöhle von embryonierten Hühnereiern. Nach 2–4 Tagen untersucht man die Amnionflüssigkeit bzw. den Zellkulturüberstand auf Hämagglutinine und bestimmt gegebenenfalls deren serologische Eigenschaften durch den Hämagglutinations-Hemmungstest mit Hilfe von bekannten subtypenspezifischen Seren.
	Verimpft man das Material auf menschliche Zellkulturen, so muß man beachten, daß ein cytopathischer Effekt durch das Influenza-Virus nicht auftritt. Deshalb prüft man die infizierte Gewebekultur darauf hin, ob die überstehende Nährflüssigkeit virusspezifisches Antigen enthält. Man untersucht also den Überstand der Gewebekultur serologisch mit Hilfe von authentischen Immunseren (KBR) oder man prüft ihn auf hämagglutinierende Aktivität. Nach zellgebundenem Antigen sucht man mit Hilfe der Hämadsorption.
Hirst-Test	2. *Serologie.* Mit Hilfe der Komplementbindungsreaktion ergibt sich bei Verwendung von einem bekannten Nucleocapsid-Antigen (durch Ätherbehandlung von Virus gewonnen) lediglich

---

[14] Rachenspülwasser wird durch Spülen (Gurgeln) des Rachenraumes mit Traubenzucker-Bouillon oder Magermilch gewonnen.

eine Aussage über den Virustyp. Will man die Subtypendiagnose stellen, so muß man den Hämagglutinationstest (Hirst-Test) mit Patientenserum und bekannten Viruspartikeln durchführen; dies ist die Methode der Wahl. Der Neutralisationstest ist hierzu zwar ebenfalls geeignet, aber er ist zu umständlich und bietet keine Vorteile. Notwendig für den Hirst-Test sind zwei im Abstand von 14 Tagen entnommene Serumproben. Ein Titeranstieg von mindestens dem Vierfachen der ersten Probe ist verwertbar. Sowohl die Isolierung wie auch die Seroreaktionen erlauben wegen des zeitlichen Aufwandes nur eine epikritische Beurteilung des einzelnen Falles. Diese ist aber von großer Wichtigkeit, denn sie dient als Referenz für die per analogiam gestellten übrigen Diagnosen.

Diese können dann aufgrund der klinischen Symptomatik und der epidemiologischen Situation ohne Laboratoriumsbefunde gestellt werden.

Die Parainfluenza-Viren sind bei Mensch und Tier weit verbreitet; sie gehören zur Untergruppe der RDE-haltigen Paramyxo-Viren: Sie hämagglutinieren mit anschließender Dissoziation (s. S. 52) und sind Äther-empfindlich. Sie sind größer als die Influenza-Viren. Es gibt vier serologisch distinkte Typen; die Typeneigenschaft ist in der Hülle lokalisiert. **Parainfluenza-Virus:** Vier Typen – Krankheiten der Luftwege

Die Parainfluenza-Viren sind für den Menschen pathogen und treten als Erreger von Erkältungskrankheiten auf. Bei Kleinkindern führen sie zum Croup, zur Bronchiolitis und zur Pneumonie. Beim Erwachsenen bewirkt die Infektion relativ milde Katarrhe der oberen Luftwege.

Eintrittspforte ist der Nasen-Rachen-Raum. Nach 2–6 Tagen Inkubation kommt es zur lokalen Virusvermehrung auf den Schleimhäuten der oberen Atemwege; bei Kleinkindern breitet sich die Infektion in die Tiefe aus. Beim Erwachsenen entsteht das Bild der katarrhalischen Entzündung. Pathogenese Klinik

Die Parainfluenza-Viren verursachen *keine größeren Epidemien;* sie führen das ganze Jahr über, besonders aber im Winter zu *endemischen Erkrankungen,* die beim Kleinkind schwerer und beim Erwachsenen relativ unauffällig verlaufen. Ein großer Teil der Erkältungskrankheiten geht auf das Konto der Parainfluenza-Viren. Der Unterschied zu den Influenza-Viren besteht darin, daß diese jahreszeitlich gebunden auftreten. Epidemiologie

Die Typen der Parainfluenza unterscheiden sich epidemiologisch. Die meisten Kinder machen in den ersten beiden Lebensjahren eine Infektion mit Typ 3 durch; die Erkrankung mit anderen Typen tritt später auf und erfaßt den Großteil der Kinder erst bis zum 10. Lebensjahr. Da sich die Immunität trotz vorhandener Serum-Antikörper nur schwach entwickelt, sind wiederholte Infektionen mit dem gleichen Typ die Regel. Die Immunität ist lokal gebunden: Träger sind die im Bronchialschleim ausgeschiedenen Antikörper der Klasse IgA; die bronchiale Ausscheidung erfolgt nicht regelmäßig.

Labordiagnose

Man kann das Virus durch Züchtung auf humanen Zellkulturen isolieren und im Hämagglutinations-Hemmungstest oder mit dem Neutralisationstest typisieren. Als Material wird Rachenspülwasser oder Sputum aus der akuten katarrhalischen Phase gebraucht. – Die Serodiagnose der akuten Erkrankung kann mit Hilfe von zwei Serumproben durch Anwendung der Komplementbindungsreaktion erfolgen. Der Hirst-Test ist nicht gebräuchlich, wird aber für Durchseuchungsstudien verwendet. Bei der Komplementbindung ist aber zu beachten, daß wegen Antigenverwandtschaften Mitreaktionen auftreten.

Das Mumpsvirus:
Serologisch einheitlich

Das Mumps-Virus gehört zu den RDE-haltigen Paramyxo-Viren: Es hämagglutiniert und dissoziiert anschließend. Das Virion mißt etwa 150 nm. Das Virus kommt nur beim Menschen vor und verursacht die epidemische Parotitis (Mumps, „Ziegenpeter"). Die Antigenität des Mumps-Virus ist einheitlich und konstant.

Pathogenese
Klinik

Das Mumps-Virus dringt in die Mundhöhle ein und gelangt auf dem Lymphweg oder hämatogen in die Parotis. Dort vermehrt es sich u.a. in den Parenchymzellen. Im Rahmen einer Generalisation kann das Virus die Hoden bzw. die Ovarien, das Pankreas, die Schilddrüse, die Mammae und das Gehirn besiedeln.
Die Inkubationszeit beträgt etwa 3 Wochen. Die Krankheit beginnt stets mit Fieber und in der überwiegenden Mehrzahl der Fälle mit einer zunächst einseitigen Parotisschwellung. Diese ist an der Abhebung des Ohrläppchens leicht zu erkennen; die andere Seite wird meistens etwas später befallen. *Es gibt aber auch Mumpsfälle ohne klinisch erkennbaren Parotisbefall.* Die Einbeziehung des Pankreas hat in der Mehrzahl der Fälle funktionell erkennbare Folgen; sie kann durch entsprechende Funktionstests objektiviert werden. Die klinisch erkennbare Orchitis tritt als Komplikation bei etwa 20% der Kranken auf, die älter als 15 Jahre sind. Sie ist meistens einseitig. Tritt sie doppelseitig auf, so kommt es wegen der daraus resultierenden Hodenatrophie zur Sterilität. Bei Frauen bleibt der Befall der Ovarien dagegen ohne Folgen. In 10% der Fälle tritt, vorwiegend im ersten Lebensjahrzehnt, eine meistens *gutartige Meningoencephalitis* auf. Bei Schwangeren führt die Infektion in seltenen Fällen zum Abort. Embryopathien mit post partum feststellbaren Schäden sind nicht bekannt.

Die klinische Diagnose ist nur dort schwierig, wo die Parotisbeteiligung nicht erkennbar ist. Bei nicht bakteriellen Meningoencephalitiden sollte man stets auch an Mumps denken. Für die Diagnose ist es wichtig, daß Mumps eine Krankheit der Kinder und der jungen Menschen ist. Infektionen in höherem Alter kommen zwar auch vor, sie sind aber seltener. Für die Labordiagnose sind die Pankreas-Funktionstests und die Komplementbindungsreaktion im Serum wichtig. Die Hämagglutinationsreaktion braucht wegen des Fehlens der Typenvielfalt nicht angewendet zu werden. Von den beiden Serumproben sollte die erste möglichst früh entnommen werden, die zweite nach etwa 2 Wochen.

Diagnose

Die Virusisolierung kann aus dem Speichel des Kranken vorgenommen werden. Die Züchtung erfolgt auf Affennierenzellen und in embryonierten Hühnereiern. Für die Praxis ist die Virusisolierung entbehrlich.

Das Mumps-Virus wird durch Speicheltröpfchen von Mensch zu Mensch übertragen. Infektiös ist der Mumpskranke vier Tage vor und sieben Tage nach Auftreten der Erstsymptome. Mumps ist jedoch bei weitem nicht so contagiös wie Masern oder Influenza: Der Kontakt zwischen Infektionsquelle und den Exponierten muß relativ eng sein. Das Virus ist auf der ganzen Welt endemisch verbreitet. Etwa 50% der Infektionen führen zur inapparenten Erkrankung. Todesfälle durch Mumps gibt es kaum. Die Immunität wird durch die manifeste Erkrankung ebenso wie durch inapparente Infektion erworben und dauert praktisch das ganze Leben an. Es gibt keine manifesten Zweiterkrankungen, wohl aber inapparente Reinfektionen; diese treiben die Immunität jeweils wieder hoch. Die diaplacentar übertragenen Antikörper der Mutter schützen den Säugling während der ersten 6 Monate nach der Geburt vor der Infektion. Eine allgemeine Impf-Empfehlung ist erfolgt; sie bezieht sich auf einen Lebendimpfstoff. Der Lebendimpfstoff ist gut wirksam und hat eine Konversionsrate von 95%. Die Impfung kommt für Kinder und für exponierte nicht-immune Erwachsene in Betracht (Krankenhauspersonal, Laborarbeiter u.a.).

Epidemiologie: Tröpfcheninfektion; hohe Inapparenzrate

Das Newcastle-Virus ist der dritte Vertreter der RDE-haltigen Paramyxo-Viren. Es kommt ihm als Erreger der atypischen Geflügelpest große veterinärmedizinische Bedeutung zu. Bei exponierten Menschen (Geflügelzüchter, Arbeiter auf Geflügelfarmen) kann das Virus eine Conjunctivitis hervorrufen.

Newcastle-Virus

Das RS-Virus gehört zur Gruppe der Paramyxo-Viren ohne RDE. Es wird aufgrund der Erscheinungen benannt, die es beim Kranken und in der humanen Zellkultur verursacht: Es entstehen

Das RS-Virus: Bronchiolitis bei Kleinkindern

beim Infizierten Entzündungen des **R**espirationstraktes, während sich in der Zellkultur typische Riesenzellen (Syncytien) ausbilden. Beim Erwachsenen verläuft die Infektion als Schnupfen bzw. als milde Erkältungskrankheit. Bei Kleinkindern kann es zu einer schweren Form der Bronchiolitis kommen. Besonders gefährlich ist der Verlauf bei Kindern, die jünger sind als 1/2 Jahr. Zur Bronchiolitis tritt dann häufig eine Pneumonie hinzu. Die Ursache ist unklar.

Das Virus ist serologisch einheitlich. Die immunisierende Wirkung einer Infektion ist schwach. Das Virus breitet sich bei Kindern jeden Winter stark aus. Dieses epidemiologische Verhalten steht im Gegensatz zur Influenza, bei der es nur alle 2–3 Jahre zu einer Epidemie kommt und auch zur Parainfluenza, bei der die Erkrankungen das ganze Jahr über vorkommen.

Das Masern-Virus:
Serologisch einheitlich

Das Masern-Virus gehört zu den Paramyxo-Viren ohne RDE. Es mißt etwa 140 nm und besitzt eine hämagglutinierende Hülle, deren serologische Eigenschaften im Gegensatz zu denen des Influenza-Virus einheitlich und konstant sind. Das Wirtsspektrum ist eng; nur der Mensch erkrankt spontan. Der cytopathische Effekt besteht in einer Riesenzellbildung.

Pathogenese
Klinische
Erscheinungen

Das Virus dringt in den Respirationstrakt ein und vermehrt sich zunächst in dessen Epithelzellen. Es kommt aber bald zur *Generalisation*. Diese erfolgt auf dem Blut- und dem Lymphweg; dabei befällt das Virus mesenchymale Zellen (Warthin-Finkeldeysche Riesen-Zellen!) und vermehrt sich in ihnen, u.a. auch in den Lymphocyten. Dies führt zu einer T-Zell-Verarmung und ist vermutlich die Ursache der *allgemeinen Abwehrschwäche des Masernkranken* gegen andere Infektionen, insbesondere gegen Tuberkulose.

Die Inkubationszeit beträgt 10 Tage. Die ersten Erscheinungen sind katarrhalisch: Fieber, Husten, Schnupfen, Conjunctivitis. Typisch und als Frühsymptom wertvoll sind die Koplikschen Flecken an der Wangenschleimhaut der Mundhöhle; es sind weißliche, 1–2 mm messende flache Bläschen mit nekrotischer Oberfläche. Das präexanthematische katarrhalische Krankheitsstadium dauert etwa vier Tage. Dann kommt es zum Exanthem. Dieses beginnt hinter den Ohren und breitet sich in 1–2 Tagen über den ganzen Körper aus. Es ist im Gegensatz zum Scharlach-Exanthem und zu den Röteln grobflächig-erhaben (maculopapulös): Zwischen den linsengroßen Herden ist unveränderte Haut wahrnehmbar; dies ist für die Unterscheidung von Scharlach wichtig. 1–2 Tage nach Auftreten des Exanthems gehen Fieber und Schnupfen zurück. Das Exanthem selbst persistiert bis zu 10 Tagen.

Die Komplikationen erklären sich zum Teil aus der Tatsache, daß sich durch die Masern-Infektion eine relative Insuffizienz des antibakteriellen Abwehrsystems herausbildet. Insbesondere nimmt die Empfänglichkeit für pyogene Keime durch die Masern-Infektion zu; durch hämolysierende Streptokokken kommt es in dieser Situation häufig zu Otitis media und zur Pneumonie. Es kann aber auch eine latente *Tuberkulose durch Masern aktiviert* werden. Tuberkulin-positive Kinder werden während und nach den Masern oft Tuberkulin-negativ. Im äußersten Fall kommt es zur Meningitis tuberculosa oder zur Miliartuberkulose.

Komplikationen:
Otitis, Pneumonie,
Tb-Aktivierung,
Encephalitis

Die durch das Virus selbst bedingten Komplikationen treten als kindlicher Croup, als schwere Bronchitis oder als Virus-Pneumonie auf. Beim Vorhandensein zellulärer Immundefekte beobachtet man das Bild der Hecht'schen Riesenzellpneumonie. – Die folgenschwerste Komplikation dieser Art ist die *Encephalitis:* Auf 1000 Masernfälle kommt ein Fall. Dabei wird wahrscheinlich das ZNS vom Virus befallen. Es kommt dabei nach der ersten Abfieberung zu einem zweiten Fieberanstieg mit Benommenheit und u. U. mit Krämpfen. Die Letalität beträgt etwa 40%. Die Überlebenden zeigen häufig psychotische Persönlichkeitsveränderungen und Lähmungen. Das EEG zeigt im übrigen bei 50% der komplikationslos verlaufenden Masern reversible Veränderungen; dies deutet darauf hin, daß das ZNS häufiger als bisher angenommen in Mitleidenschaft gezogen wird. Die stets tödlich verlaufende subakute sklerosierende Panencephalitis wird z.T. als besondere Verlaufsform der Masern betrachtet. Diese Annahme ist noch nicht gesichert; insbesondere ist es noch nicht sicher, ob es „neurotrope" Masernstämme gibt.

Die klinische Diagnose der Masern ist wegen der fast stets charakteristischen Ausprägung der Symptome leicht zu stellen.

Diagnose:
Im wesentlichen
klinisch

Während der Initialphase kann man das Virus aus dem Nasopharynx und dem Blut isolieren. Zur Verwendung kommen Kulturen von menschlichen Zellen. Die Virusisolierung wird aber nur für wissenschaftliche Zwecke ausgeführt.

Antikörper tauchen beim Kranken sehr früh auf; sie sind durch Neutralisation, durch Hämagglutinationshemmung oder durch Komplementbindung nachzuweisen. Die serologischen Tests können zur Diagnose herangezogen werden.

Vier Charakteristika bestimmen die Epidemiologie der Masern:
1. Das Masern-Virus ist *leicht übertragbar*, und die Empfänglichkeit des Menschen dafür ist sehr hoch. Dementsprechend ist die Krankheit hochcontagiös; sie kann durch hygienische Maßnahmen nicht bekämpft werden. Bei Exposition von nichtimmunen Personen kommt es so gut wie immer zur An-

Epidemiologie:
Hochcontagiös,
keine Inapparenz,
komplette Durchseuchung bis zum
10. Lebensjahr

steckung; die Krankheit verläuft dabei stets manifest und niemals inapparent. Dies bedeutet, daß die Bevölkerung bis zum 10. Lebensjahr fast vollständig durchseucht ist.

2. Das Masern-Virus ist *immunbiologisch einheitlich* und zeigt keine Antigenvarianten. Die durch Krankheit erworbene Immunität ist sehr dauerhaft; sie wird durch inapparente Reinfektion immer wieder hochgetrieben. Deshalb ist bei einem Exanthem die Diagnose „Masern" mit großer Wahrscheinlichkeit falsch, wenn der Patient älter als 10-12 Jahre ist.

3. *Einziges Masernreservoir ist der kranke Mensch.* Virus-Dauerausscheider gibt es nicht. Die Virusausscheidung ist im katarrhalischen Vorstadium maximal und verschwindet nach dem Ausbruch des Exanthems. Die Ansteckung kann wegen der frühen Durchseuchung somit nur vom katarrhalisch erkrankten Kind her erfolgen. Wird ein Kind in Epidemiezeiten zu Hause gehalten und kommt es dort nur mit Erwachsenen in Berührung, so kann es sich nicht anstecken.

4. Die Masern zeigen ihren *Häufigkeitsgipfel im Winter*.

Bekämpfung

Die Masern sind in Europa äußerst verbreitet; ihre Bekämpfung durch allgemein-hygienische Maßnahmen ist nicht möglich. Für das einzelne Kind ist eine Expositionsprophylaxe wirksam, aber nur zeitweise: Das Kind darf dabei nur von Erwachsenen umgeben sein. Die Expositionsprophylaxe ist vor allem bei ungeimpften Kindern mit latenter Tuberkulose indiziert, im übrigen aber auch bei Kindern in schlechtem Ernährungszustand und bei Diabetikern.

Gründe für die Empfehlung der Schutzimpfung

Die Masernimpfung ist aus folgenden Gründen zu bejahen und zur breiten Anwendung zu empfehlen:

1. Masern sind wegen der relativ häufigen Komplikationen alles andere als eine „leichte Krankheit".
2. Jede Infektion mit dem Masern-Virus verläuft manifest und ist auch komplikationsgefährdet.
3. Jeder Mensch wird bis zu seinem 10. Lebensjahr mit dem Wildvirus angesteckt. Dieser Tatbestand ist durch allgemein-hygienische Maßnahmen nicht zu ändern. Die Isolierung kann ein Einzelkind nur für einen begrenzten Zeitraum vor der Infektion schützen.

Die Schutzimpfung

Man unterscheidet die *passive* und die *aktive* Immunisierung. Die letztere wird entweder mit Totimpfstoff oder mit Lebendimpfstoff durchgeführt.

I. **Passive Immunisierung.** Ist ein Kind zu einem festlegbaren Zeitpunkt exponiert worden, so kann man den Ausbruch der Masern durch die Gabe von 0,5 ml/kg Human-γ-Globulin[15] verhindern oder den Verlauf mildern. Gibt man das Globulin bis zu fünf Tagen nach der Exposition, so wird die Krankheit verhindert; gibt man das Globulin zwischen dem 5. und 10. Tag, so wird der Verlauf der Krankheit abgemildert. Die auf diese Weise erworbene Passiv-Immunität dauert höchstens 3 Wochen. Indikationen: Noch nicht geimpfte Kinder mit latenter Tuberkulose oder mit Stoffwechselkrankheiten. Die versäumte aktive Impfung ist in diesen Fällen unverzüglich nachzuholen!

γ-Globulin: Zeitweiliger Schutz von Ungeimpften

II. **Aktive Immunisierung.** Diese verdient den Vorzug und sollte auf breiter Basis durchgeführt werden. Es existieren zwei Möglichkeiten:

Immunisierung mit gereinigtem Hämagglutinin

1. *Durch Totimpfstoff (Spaltvaccine).*
Früher verwendete man Formol-inaktiviertes Gesamtvirus; wegen der Nebenwirkung durch toxische Bestandteile des Virions ist diese Methode aufgegeben worden. Heute spaltet man das Virus durch Äther und reinigt das so erhaltene Hämagglutinin durch Extraktion mit Tween 80.
Das gereinigte Hämagglutinin wird zwischen dem 3. und 6. Lebensmonat 3mal subcutan verabreicht, meist in Kombination mit den Totimpfstoffen gegen Keuchhusten, Diphtherie, Tetanus sowie Polio I, II und III (Fünffachimpfstoff). Die durch den Totimpfstoff erzielte Immunität ist relativ schwach und hält nicht lange vor. Sie sollte nach Ablauf eines Jahres durch eine Lebendimpfung ergänzt werden.

2. *Durch Lebendimpfstoff.* Zur Verfügung steht ein Masernstamm, der durch Passagen abgeschwächt ist. Der Impfstoff wird subcutan injiziert. Der Stamm führt bei einigen Impflingen zwar zu leichtem Fieber und gelegentlich zu einem schwachen Exanthem, ernste Komplikationen sind jedoch nicht bekannt geworden; insbesondere fehlen bei Impflingen die EEG-Veränderungen. Die Lebendimpfung ist jetzt die Methode der Wahl. Die hierdurch erworbene Immunität dauert sehr lange, wahrscheinlich das ganze Leben. Die gelegentlich auftretenden leichten Impf-Masern können durch gleichzeitige Subcutangabe von 0,02 ml/kg γ-Globulin weitgehend vermieden werden; das γ-Globulin wird an eine andere Stelle injiziert als der Impfstoff. Die Lebendimpfung

Lebendimpfung: Endgültiger Schutz

---

[15] Ein aus dem Serum mehrerer erwachsener Spender zubereitetes γ-Globulin-Präparat enthält stets Masern-Antikörper.

sollte erst dann durchgeführt werden, wenn die mütterlichen Masern-Antikörper aus dem kindlichen Organismus verschwunden sind. Dies ist in der Regel 12–18 Monate nach der Geburt der Fall.

Verschwinden der Masern – Impfvirus ist nicht übertragbar

Durch die Anwendung der Lebendimpfung ist in einigen Staaten Europas das Wildvirus nahezu verschwunden. Im Unterschied zum Polio-Virus ist das Masern-Impfvirus aber nicht übertragbar; es erscheint nach der Impfung weder im Rachenraum noch im Blut.

E. Das Röteln-Virus

Das Röteln-Virus:
Prototyp der Toga-Viren

Das Röteln-Virus mißt etwa 60 nm und gehört zu den hämagglutinierenden, Äther-empfindlichen RNA-Viren. Es ist früher den Paramyxo-Viren zugerechnet worden. Das Virion enthält aber nicht das verknäuelte Nucleocapsid der Myxo- und Paramyxo-Viren; es besteht vielmehr aus einem kugeligen RNA-Knäuel, welches von einem schalenförmigen (rotationssymmetrischen) Capsid und einer weiten, faltigen Hülle („schlotternde Toga") umschlossen ist. Man weist dem Röteln-Virus deshalb eine Sonderstellung zu: Es wird zu den Toga-Viren gezählt. Das Röteln-Virus ist serologisch einheitlich, d. h. es gibt nur einen einzigen Typ.

Pathogenese Klinik

Als *Eintritts*pforte des Virus dient der *Nasen-Rachen*-Raum. Das Virus vermehrt sich zunächst in den oberen Luftwegen. Es kommt dann aber zu einer Generalisation auf dem Lymph- und Blutweg und zur multiplen Organlokalisation. Das Virus ist u.a. in der Haut nachweisbar. Die Inkubationszeit beträgt 2–3 Wochen.

Die manifeste Krankheit beginnt mit einer katarrhalischen Initialphase von etwa zwei Tagen bei nur geringfügiger Temperaturerhöhung. Charakteristisch ist dabei neben dem Rachenkatarrh die mit Lichtscheu einhergehende Conjunctivitis und die Schwellung der cervicalen und occipitalen Lymphknoten. In 50% der Fälle ist die Milz geschwollen. Nicht selten werden rheumatoide Gelenkschmerzen beobachtet, besonders wenn Erwachsene an Röteln erkranken. Der Ausschlag beginnt hinter den Ohren und dehnt sich auf Brust und Bauch aus. Die Flecken sind kleiner als bei Masern, aber größer als bei Scharlach und confluieren nicht; die Abgrenzung von Scharlach und Masern ist nicht immer leicht. Das Exanthem ist kurzdauernd. Es ist maximal 2–3 Tage sichtbar, oft aber auch nur Stunden. Für die Diagnose wichtig ist die Leukopenie mit Lymphocytose und auffallend vielen monocytoiden jugendlichen Zellen. Komplikationen der akuten postnatalen Röteln sind sehr selten. Es werden Encephalitiden und hämolytische Anämien beschrieben.

Erkrankt eine Schwangere an Röteln oder macht sie eine inapparente Infektion durch, so wird das Virus im Zuge der Generalisation stets auf den Embryo übertragen und verursacht eine chronische Infektion; es behindert vermutlich die Zellteilungsvorgänge und führt besonders in den ersten drei Schwangerschaftsmonaten zu Schädigungen, die zum Abort führen oder nach der Geburt als congenitales Röteln-Syndrom in Erscheinung treten. Die postnatalen Erscheinungen der Embryopathie sind vielfältig: Katarakt, Taubheit, Mikrocephalie, geringe Körperlänge bei der Geburt, angeborene Herzfehler (vor allem persistierender Ductus Botalli), Verlangsamung des postnatalen Wachstums, Hepatosplenomegalie mit Stauungsikterus, thrombocytopenische Purpura, hämolytische Anämie. Das Risiko der Embryopathie ist während des ersten Schwangerschaftsmonats insgesamt am höchsten (60–70%) und fällt dann progressiv ab; in den späteren Schwangerschaftsmonaten erhöht sich allerdings isoliert das Risiko für die ZNS-Schäden. Als Folge der Röteln-Embryopathie sterben viele der betroffenen Kinder vor Abschluß des ersten Lebensjahres. Reinfektionen von Graviden sind ohne Gefahr für den Embryo.

Embryopathie

Die Röteln-Infektion verläuft, wenn sie post partum erworben wird, stets cyclisch, d. h. der Infizierte wird in kurzer Zeit virusfrei. Bei pränataler Infektion verläuft sie dagegen als Embryopathie und nach der Geburt mit ausgeprägt chronischem Charakter bei massiver Virusproduktion und -ausscheidung.

Chronischer Verlauf in utero – akuter Verlauf post partum

Die Röteln treten vornehmlich im Frühjahr auf. Die Infektion erfolgt von Mensch zu Mensch, in der Hauptsache durch Tröpfchen- und durch Schmierinfektion. Infektiös sind das Sputum, das Blut, aber auch der Urin und das Conjunctivalsekret der Kranken.
Als Infektionsquelle kommen in Betracht:
1. *Zeitweise* die Kranken, die sich postnatal infiziert haben und akute Röteln durchmachen. Die Infektiosität beginnt fünf Tage vor Ausbruch des Exanthems.
2. Als *dauernde Quelle* gelten Kinder, die pränatal infiziert waren und dementsprechend eine *chronische* Rötelnerkrankung entwickeln. Diese Kinder sind über mehr als zwei Jahre nach der Geburt infektiös und können z. B. Säuglingsschwestern infizieren.
3. Erwachsene im Verlauf von flüchtigen Reinfektionen.

Epidemiologie

Mindestens die Hälfte der Röteln-Infektionen verläuft inapparent. Die Durchseuchung der Bevölkerung erfolgt aber nicht so vollständig wie bei den Masern: 20% der Erwachsenen bleiben seronegativ und dementsprechend empfänglich. Dies hat für die Schwangerschaftsvorsorge erhebliche Bedeutung: Seronegative Schwangere sind im Hinblick auf die Embryopathie in hohem Maße gefährdet. Dabei spielt die Schwere der Erkrankung keine Rolle: Inapparent verlaufende Röteln führen bei Schwangeren genauso zur Embryopathie wie die klinisch manifesten Formen.

Immunität

Das Röteln-Virus ist *immunologisch einheitlich*. Das Überstehen der Krankheit hinterläßt eine lange, wahrscheinlich sogar lebenslange Immunität. Die Immunität des Erwachsenen ist mit Antikörpern der Klasse IgG und IgA vergesellschaftet; diese sind das ganze Leben hindurch nachweisbar. Sie werden von der Mutter auf das Kind übertragen und verleihen diesem über etwa drei bis sechs Monate lang Schutz. Interessanterweise zeigen die ante partum mit Röteln-Virus infizierten Neugeborenen keine Immuntoleranz gegen das Virus; sie bilden vielmehr eigene Antikörper der Klasse IgM. Dies zeigt sich in einem deutlich feststellbaren IgM-Auftreten im Serum. Findet man gleichzeitig IgM-Protein und einen positiven Hirst-Test bei einem Säugling oder einem Neugeborenen, so ist der Fall als verdächtig anzusehen. Es muß jetzt festgestellt werden, ob im Serum rötelnspezifische Antikörper der Klasse IgM existieren. Ist dies der Fall, so kann man folgern, daß eine aktive Immunisierung stattgefunden hat. Findet man dagegen einen positiven Hirst-Test ohne IgM-Protein, so ist nur die Annahme erlaubt, daß IgG-Antikörper von der Mutter übergetreten sind. Antikörper der Klasse IgG können für sich allein betrachtet von der Mutter herstammen. Der Nachweis von Röteln-Antikörpern der Klasse IgM (nicht-placentagängig) ist also ein Indiz für eine intrauterine Röteln-Infektion.

Impfung:
Lebendimpfstoff

Wegen des harmlosen Charakters der postnatalen Krankheit hat man im Hinblick auf die Prophylaxe der Embryopathie empfohlen, Mädchen vor der Menarche absichtlich mit Rötelnkranken in Kontakt zu bringen. Heute steht die Schutzimpfung zur Verfügung, die bei *allen Mädchen vor dem 12. Lebensjahr* angewendet werden sollte, zumindest aber bei allen seronegativen Frauen, die älter als 12 Jahre sind. Der Impfstoff besteht aus aktiven, aber abgeschwächten Viren. Seine Anwendung führt zuverlässig zur Immunität und verursacht als Nebenwirkung nur gelegentlich Arthralgien. Die Impfprophylaxe zielt auf die Embryopathie; sie ist für alle weiblichen Personen indiziert, die bis zur Pubertät keine Röteln durchgemacht haben, also seronegativ sind. Erfahrungsgemäß beträgt der Prozentsatz der serologisch negativen Frauen etwa 20%. *Während der Gravidität ist die Impfung kontraindiziert.* Nach einer Schutzimpfung ist eine Karenzzeit von drei Monaten bis zur nächsten Konzeption einzuhalten. Hat eine seronegative und schwangere Frau mit Rötelnkranken Kontakt gehabt, so sollte möglichst bald Human-γ-Globulin (0,5 ml/kg) gegeben werden; die Wirkung ist aber unsicher. Ist bei Schwangeren bis zum 3. Monat ein Ausbruch an Röteln klinisch und *serologisch* festzustellen, so ist der Schwangerschaftsabbruch indiziert.

Die klinische Diagnose der Röteln ist bei ausgeprägten Fällen leicht. An Labormethoden stehen zur Verfügung:
1. *Isolierung des Virus.* Am besten eignet sich Rachenspülwasser. Die Isolierung erfolgt in Zellkulturen.
2. *Der Antikörpernachweis beim akuten Fall.* Er erfolgt in *zwei separat und im Abstand von 10 Tagen* entnommenen Serumproben. Man führt ihn als Hämagglutinations-Hemmungstest (Hirst-Test) gleichzeitig aus.
3. *Der anamnestische Antikörpernachweis.* Er erfolgt im Hirst-Test mit einer einzigen Serumprobe. Man findet Titer zwischen 1 : 16 und 256. Bei akuten Infektionen beträgt der Titer bis zu 1 : 1024 oder mehr.
4. *Antikörpernachweis im Blut des Neugeborenen bei Verdacht auf Embryopathie:* Ouchterlony-Test auf IgM und IgG. Dieser Test ist nicht Röteln-spezifisch. Er dient aber in Verbindung mit einem positiven Hirst-Test zur Beurteilung der Frage, ob das Kind eigene Antikörper (IgM) gebildet hat, oder ob die Antikörper von der Mutter stammen (IgG). Der Nachweis von Röteln-Antikörpern in der IgM-Fraktion nach der Auftrennung im Saccharose-Gradienten hat die höchste Beweiskraft.
5. Der Hämagglutinations-Hemmungs-Test sollte nur in Form der standardisierten Verfahren durchgeführt werden. Die Seren sollten bis zum Ende der Gravidität aufbewahrt werden. Die verschiedenen Methoden des Hirst-Testes ergeben etwa identische Resultate.

Diagnose

F. Das Virus der Tollwut

Das Virus der Tollwut (Rabies, Lyssa) gehört zusammen mit dem Virus der vesiculären Stomatitis zu der Gruppe der zylindrisch geformten RNA-Viren. Die Viren dieser Gruppe werden heute als **Rhabdo-Viren** bezeichnet. Auch das „Marburg"-Virus als Erreger einer auf den Menschen übertragbaren Affen-Infektion gehört hierher.

Das Tollwut-Virus: Systematische Position, Aufbau des Virions, Pathogenitätsspektrum

Das Virion des Tollwut-Virus mißt 200 nm in seiner Länge und 70 nm in seinem Durchmesser. Es hat eine patronenförmige Gestalt („bullet-shaped virus") und besteht aus RNA, die in einem helicoidal angeordneten fadenförmigen Capsid enthalten ist; dazu kommt außen eine Hülle. Es verliert durch Ätherbehandlung seine Infektiosität. Das Virus ist *serologisch einheitlich;* Typenvarietäten sind nicht bekannt.

Das Tollwut-Virus hat ein *extrem breites Pathogenitätsspektrum;* dieses erstreckt sich auf alle Warmblüter und reicht vom Rind bis zur Fledermaus. Das Virus ist im Hinblick auf seine pathogene Wirkung neurotrop: Die Tollwut verläuft als bösartige Encephalitis. Im Hinblick auf seine Vermehrungsfähigkeit ist das Tollwut-Virus neuro-viscerotrop: Es befällt neben dem ZNS vor allem die Speicheldrüsen. Das Virus wird vom erkrankten Tier und vom befallenen Menschen im Speichel massiv ausgeschieden. Die Krankheit verläuft bei Säugetieren und beim Menschen stets manifest und ausnahmslos tödlich.

Züchtung

Im Laboratorium wird das Tollwut-Virus in drei Versuchsanordnungen zur Vermehrung gebracht und in Passagen fortgeführt:

1. Im Gehirn des lebenden Kaninchens und der lebenden Maus.
2. Im bebrüteten Geflügelei (Enteneier werden bevorzugt).
3. In der Zellkultur aus humanen Diploid-Zellen.

Die Passage nach einer dieser drei Methoden führt schnell zur „Adaptation", d. h. zur Veränderung der Pathogenität gegenüber anderen Species.

Straßenvirus und Virus fixe

Man unterscheidet beim Tollwut-Virus die in Passagen gehaltenen Laborstämme von dem in der Natur vorkommenden Wildvirus; dieses wird als „Straßenvirus" bezeichnet. Als Prototyp der Laborstämme gilt das sog. Virus fixe. Als Virus fixe wird ein Stamm bezeichnet, der durch zahlreiche Passagen im Kaninchenhirn seine ursprünglichen Pathogenitätseigenschaften verändert hat; der von Pasteur seinerzeit adaptierte Stamm ist heute noch in Gebrauch; er wird seit 1888 fortgeführt und hat dabei mehr als 2000 Passagen durchlaufen. Das *Straßenvirus* ist im Hinblick auf seine Vermehrungsfähigkeit *neuro-viscerotrop,* d. h. es kann sowohl das ZNS wie auch die Speicheldrüse und andere Organe befallen. Das *Virus fixe* ist dagegen *exklusiv neurotrop:* Es hat durch die Passagen die fakultativ viscerotrope Eigenschaft des Straßenvirus eingebüßt und dafür an Neuropathogenität gewonnen. Das Straßenvirus wird im Speichel massenhaft ausgeschieden, während das Virus fixe im Speichel nicht mehr erscheint. – Die Adaptation beruht auf einer Selektion derjenigen Partikelvarianten des Straßenvirus, welche die genetisch bestimmte Merkmalkombination „hohe Neuropathogenität bei fehlender Viscerotropie" besitzen. Es werden in der Kaninchenhirn-Passage diese Varianten auf Kosten jener Partikel bevorzugt, welche bei mäßiger Neuropathogenität über eine gewisse Viscerotropie verfügen.

Pathogenese Pathologie

Als *Eintrittspforte* dienen *Hautwunden;* in Betracht kommen vornehmlich Bißwunden, aber auch oberflächliche Abschürfungen. Das Virus kann aber auch durch die unverletzte Schleimhaut der Lippen, der Nase und der Augen eindringen; als Seltenheit werden Infektionen durch Aerosole beschrieben (Fledermaushöhlen). Von der Eintrittspforte wandert das Virus während der Inkubationszeit entlang der peripheren Nervenbahnen zum ZNS. Von hier aus werden über die peripherwärts führenden Nervenbahnen sehr früh die Speicheldrüsen, das Pankreas, die Niere und andere Organe befallen. Das Virus vermehrt sich im Anschluß an diese Generalisierung massiv in den befallenen Organen.

Die pathologisch-anatomische Schädigung betrifft nur das Hirn, und zwar vornehmlich die Gegend des Hippocampus (Ammonshorn), der Medulla und des Kleinhirns. Später werden aber auch die übrigen Regionen der Großhirnrinde und der Pons betroffen. Die Virusvermehrung erfolgt in den Neuronen und führt zunächst zum Auftreten von typischen Einschlußkörperchen (Negrische Körperchen); später kommt es zum Untergang des Neurons mit Neuronophagie und herdförmiger Zellinfiltration mit Gliawucherung. Im Endstadium findet man ausgedehnte Zerstörungen der grauen und auch der weißen Substanz.

Die *Inkubationszeit* beträgt durchschnittlich *1-3 Monate*; im Extremfalle kann sie aber 10 Tage ebenso wie auch 8 Monate dauern. Neben anderen Faktoren beeinflußt die Entfernung der Bißstelle vom ZNS die Dauer der Inkubationszeit: Bei Kopfverletzungen ist mit einer kürzeren Inkubationszeit zu rechnen als bei Extremitätenverletzungen.

Inkubationszeit

Beim Hund beobachtet man verändertes Benehmen, blinde Aggressivität, Herumstreunen, Verschlingen ungenießbarer Gegenstände, heiseres Bellen und Heulen. Es besteht beim Hund jedoch keine Wasserscheu. Beim Wild fällt das Fehlen der natürlichen Scheu in Kombination mit Aggressivität auf.

Klinisches Bild beim Tier

Beim Menschen verläuft die Tollwut in *drei Stadien*. Zwischen den ersten Symptomen und dem tödlichen Ausgang liegen, wenn nicht künstlich beatmet wird, höchstens 7 Tage.
1. *Prodromalstadium*. Es besteht eine Hyperästhesie in der Gegend der alten Bißwunde: Der Patient klagt über lokales Brennen und Jucken. Es tritt Fieber mit uncharakteristischen Krankheitsbeschwerden (Kopfschmerzen, Appetitlosigkeit) auf.
2. *Excitationsstadium („rasende Wut")*. Der Patient bekommt Angstgefühle und wird motorisch unruhig. Es beginnen Krämpfe der Schluckmuskulatur, die jeweils durch den Schluckakt ausgelöst werden. Der Patient vermeidet dementsprechend das Schlucken: Er hat Angst zu trinken und läßt aus Furcht vor den schmerzhaften Krämpfen den Speichel lieber aus dem Munde

Klinisches Bild beim Menschen

tropfen als ihn zu verschlucken. Zu der motorischen Unruhe kommen abwechselnd aggressive und depressive Zustände der Psyche. Charakteristisch ist die Wasserscheu: Die optische oder akustische Wahrnehmung von Wasser führt zu Unruhe und zu Krämpfen, die sich auf die gesamte Muskulatur erstrecken können. Zum Unterschied von Tetanus besteht aber kein Trismus.

3. *Paralyse („stille Wut")*. Einige Stunden vor dem Tode lassen die Krämpfe und die Unruhezustände nach. Es kommt zu Paresen, zur fortschreitenden Lähmung und schließlich zum Exitus.

Laboratoriums- diagnose: Nachweis von intracellulärem Virusmaterial	Als wichtigste Methoden stehen die Verfahren zum mikroskopischen Direktnachweis von Virusmaterial im Vordergrund. Im Vergleich dazu hat die Virusisolierung und Züchtung für den Einzelfall weniger Bedeutung. Die serologischen Reaktionen sind praktisch wertlos.

1. *Morphologischer Virusnachweis durch Fluorescenzserologie.*
Hierbei wird in den Zellen des verdächtigen Tieres oder des menschlichen Falles nach Virus-Antigen gesucht. Die Darstellung geschieht mit einem Anti-Tollwutserum im Sandwichverfahren. Zwei Tests sind im Gebrauch:

a) Der *Cornealtest*. Es werden hierbei vom lebenden Tier oder vom Patienten Cornealzellen durch Abklatschen auf ein Deckglas gebracht, fixiert und fluorescenzserologisch gefärbt. Im positiven Falle sieht man mikroskopisch Antigenanhäufungen in den Pflasterepithelzellen.

b) **Nachweis der Negri-Körperchen.** Post mortem werden mehrere Schnitte aus der Gegend des Hippocampus, speziell des Ammonshorns angefertigt und im Sandwichverfahren gefärbt. Zusätzlich färbt man die Schnitte nach Giemsa. Die Negri-Körperchen erscheinen als 2–10 μm messende eosinophile intracytoplasmatische Einschlüsse. Sie bestehen, wie der Sandwichtest ergibt, aus viralem Antigen.

2. Die *Isolierung des Virus* erfolgt durch intracerebrale Verimpfung des verdächtigen Materials auf Mäuse. Man untersucht den Speichel des Patienten und das Hirn von verdächtigen Hunden, wenn nach deren Tötung der Nachweis der Negri-Körperchen negativ bleibt; dies ist bei etwa 5% der tollwütigen Tiere der Fall. Die geimpften Mäuse sterben unter Lähmungserscheinungen und zeigen fluorescenzserologisch Negri-Körperchen. Außerdem bleiben diejenigen Kontrolltiere am Leben, welche das Virus zusammen mit neutralisierenden Antikörpern erhalten haben.

3. Der Mensch entwickelt während der Rabies weder neutralisierende noch komplementbindende *Antikörper*, da der Tod vorher eintritt. Die Serologie versagt deswegen. Antikörper können nur durch die Schutzimpfung entstehen.

Nach jeder Bißverletzung durch einen Hund ist das Tier nach Möglichkeit einzufangen und zu isolieren. Das Tier muß über 7 Tage durch einen Veterinär beobachtet werden. Treten nach 7 Tagen keine Symptome der Tollwut auf, so ist der Hund als gesund anzusehen; eine Exposition des gebissenen Patienten ist in diesem Fall zu verneinen. Zeigt der Hund dagegen Symptome der Tollwut, so wird er getötet und virologisch untersucht. Ist der Hund nach dem Biß unauffindbar, so besteht für den Patienten Expositionsverdacht. Schwierig wird die Beurteilung, wenn der Hund sofort nach dem Biß getötet worden ist. Hier wird man das Hirn und die Speicheldrüsen zum Isolierungsversuch verwenden müssen.

Die Beurteilung von verdächtigen Hunden: Lebend (!) einfangen, isolieren und beobachten

Die lange Inkubationszeit der Tollwut eröffnet die Chance, infizierte Personen durch Verabfolgen von Virus-Antigen aktiv zu immunisieren und *das auf der Wanderung befindliche Virus* vor dessen Ankunft im ZNS durch spezifische Neutralisation *zu inaktivieren*. Dies gelingt, sofern die Immunisierung früh genug erfolgt. Die virusspezifischen Antikörper des Patienten reagieren dann mit Virionen, die sich „auf dem Marsch" zum ZNS befinden, und neutralisieren sie. Damit sind die betroffenen Partikel unfähig, die zentralen Neuronen zu befallen und die Infektion ist cupiert.

Prinzip des Exponierten Schutzes: Aktive Schutzimpfung

Es gibt zwei Verfahrensprinzipien: Die Totimpfung und die Lebendimpfung. Für den Menschen geeignet ist nur die Totimpfung.

Verfahren der aktiven Schutzimpfung

1. Totimpfung:

a) Verwendung von inaktiviertem Virus fixe (Hempt-Impfstoff). Das virushaltige Material des Kaninchenhirns und -rückenmarks wird mit Äther behandelt, um die Lipoide zu entfernen und dann anschließend mit Phenol inaktiviert. Der Impfstoff enthält viel ZNS-Material vom Kaninchen. Seine Anwendung ist überholt.

b) Ein an *Entenembryonen adaptierter Stamm* wird mit β-Propiolacton inaktiviert. Dieser Impfstoff wird z.Zt. *amtlich empfohlen*.

c) Tollwut-Virus wird in der Zellkultur (humane diploide Stämme) gezüchtet und inaktiviert. Diese Vaccine scheint die besten Resultate zu ergeben. Sie ist aber noch in der Erprobung.

2. Lebendimpfung:

Es wird ein attenuierter Stamm, der sog. Flury-Stamm, verwendet. Die Impfung eignet sich aber nur für die Anwendung bei Tieren. Er wird z.B. für den Schutz der Rinder in Südamerika verwendet.

Pasteurs Impfstoff: Kein Lebendimpfstoff, sondern ein Totimpfstoff

Pasteur hat 1885 die Wirksamkeit der Tollwut-Schutzimpfung bewiesen. Er verwendete Hirn und Rückenmark von Kaninchen, die intracerebral mit Virus fixe infiziert worden waren. Die virushaltige ZNS-Masse wurde vor der Verabreichung getrocknet. Pasteur glaubte, daß hierbei der Erreger abgeschwächt würde. Heute weiß man, daß die Infektiosität des Tollwut-Virus durch Austrocknung vernichtet wird. Pasteur glaubte einen Lebendimpfstoff zu benutzen, in Wirklichkeit benutzte er einen Totimpfstoff. Der bis vor kurzem noch verwendete Hempt-Impfstoff fußt auf dem alten Verfahren von Pasteur; die Inaktivierung wird heute aber durch Phenol vorgenommen.

Die Gefahren der Tollwut-Schutzimpfung nach Hempt

Es kann bei der Verwendung des Hempt-Impfstoffes zu einer herdförmigen Encephalitis mit Paresen kommen. Die Encephalitis entsteht als immunpathologische Reaktion auf die Zufuhr der antigenen Komponenten des Kaninchen-ZNS-Materials im Impfstoff. Es handelt sich um ein organtypisches („organspezifisches") Antigen, welches beim Kaninchen als auch im ZNS des Menschen vorkommt. Auf 1000–10000 Impfungen kommt ein Zwischenfall. Von 100 Impfzwischenfällen verlaufen 5 tödlich. Damit kommt auf 20000–200000 Impfungen ein Todesfall.

Praxis der Exponierten-Fürsorge: Lokale Wundbehandlung, passive und aktive Immunisierung

Bei Verdacht auf Tollwut-Exposition muß die nächste amtlich zugelassene Wutschutzstelle konsultiert werden. Ist eine Exposition anzunehmen, so sind folgende Maßnahmen indiziert:
1. *Lokale und allgemeine Wundbehandlung.* Man excidiert die Wunde und spült mit starken Seifenlösungen oder mit Detergentien. Zusätzlich umspritzt man die Wunde mit Anti-Tollwut-Hyperimmunglobulin. – Nach wie vor bleibt daneben die aktive Tetanusprophylaxe notwendig.
2. Der Exponierte erhält möglichst noch am Tage der Exposition eine intramuskuläre Gabe von Antitollwut-Hyperimmunglobulin.
3. Man verabreicht dem Exponierten einen Tag nach der Gabe des Immunserums die vorgeschriebene Dosis des amtlich empfohlenen Totimpfstoffes. Die Totimpfung ist das wichtigste Mittel zur spezifischen Prophylaxe. Die anderen Maßnahmen haben unterstützenden Charakter.

Epidemiologie: Hauptquelle ist der Fuchs

Die Tollwut ist eine weitverbreitete Tierkrankheit (Zoonose), die den Menschen nur ausnahmsweise befällt. Keimreservoir ist das erkrankte Tier; die Infektion erfolgt durch Speichel von Tier zu Tier. Auf diese Weise ergeben sich permanente Infektketten innerhalb des Tierbestandes; diese verleihen der Krankheit endemischen Charakter. Die Infektion des Menschen erfolgt durch das Tier und ist das blinde Endglied einer aberrierenden Infektkette: Der Mensch überträgt die Tollwut in der Regel nicht weiter.
In unseren Breiten stellen die stark vermehrten, wildlebenden Carnivoren das Virusreservoir dar (Füchse, Dachse), in Amerika sind es die Skunks. Von hier aus werden Hunde infiziert, die

dann neue Infektketten unter sich oder in Kombination mit anderen Tierspecies bilden können. Eine „epidemiologische Sackgasse" stellt die relativ häufige Infektion des Rindes dar: Das auf der Weide durch Bißverletzungen infizierte Rind überträgt die Infektion so gut wie niemals weiter. Der Mensch wird in unserer Gegend in der Regel durch Hundespeichel (Bißverletzungen, Belecken) infiziert. An Stelle des Hundes können Wölfe (Osteuropa) oder Schakale (Südafrika) die Krankheit auf den Menschen übertragen. In Südamerika wird das Virusreservoir durch die blutsaugenden Fledermäuse unterhalten; von hier aus wird das Virus auf das Rind und auf andere Tiere übertragen. Die Infektion verläuft bei Tier und Mensch stets manifest und endet immer tödlich. Eine Ausnahme bilden in dieser Hinsicht lediglich die Fledermäuse: Sie erkranken inapparent oder sie überleben die manifeste Krankheit und sind dann in gesundem Zustand als „Dauerausscheider" infektiös.

Für die Ausbreitung der Tollwut ist die Tatsache von Bedeutung, daß nur bei 50% der erkrankten Hunde das Virus im Speichel erscheint. Nur 20% der von tollwütigen Hunden gebissenen und nicht geimpften Menschen erkranken an Tollwut. Die Contagiosität ist also nicht extrem hoch. Der infizierte Hund wird erst kurz vor Auftreten der klinischen Erscheinungen selbst infektiös: Vom Auftauchen des Virus im Speichel bis zum Auftreten der klinischen Erscheinungen vergeht höchstens eine Woche und bis zum Tode des Tieres höchstens eine weitere Woche. Dies bedeutet, daß ein Hund, der eine Woche lang in Isolierung gehalten wird und keine klinischen Erscheinungen zeigt, als Infektionsquelle nicht in Betracht kommen kann.

Tollwut ist im Verdachts-, Erkrankungs- und Todesfall meldepflichtig. Der Verdacht ist im Sinne der Meldepflicht bereits gegeben, wenn Kontakt mit tollwutkranken oder tollwutverdächtigen Tieren nachgewiesen wird. Neben dem Hund kommt als Infektionsquelle für Jäger, Forstbeamte und Metzger auch Wild in Betracht (Rehe, Hasen, Füchse). Die Infektion kann in diesen Fällen durch Hantieren mit infektiösen Organen (Ausweiden) zustandekommen. Beim erkrankten Tier müssen alle Organe als infektiös angesehen werden, denn das Virus vermehrt sich auch außerhalb des ZNS und der Speicheldrüse. Eine indirekte Infektion kann durch Hundespeichel zustandekommen, wenn der Maulkorb oder die Hundeleine als Vehikel dienen.

Die Bekämpfung der Tollwut erfolgt durch folgende Maßnahmen: Bekämpfung der
1. Verkleinerung des Virusreservoirs durch Verringerung des Bestandes an Übertragertieren. In unseren Breiten beseitigt man streunende Hunde und Katzen. Außerdem vergast man Fuchs- und Dachsbauten. In Amerika bekämpft man Fledermäuse. Tollwut

2. Zeitweise ist Hundesperre notwendig, u. U. Maulkorbzwang.
3. Prophylaktische Immunisierung von Tieren. In Betracht kommen vor allem Hunde und Rinder.

G. Arena-Viren

LCM-Virus

Als Prototyp der Arena[16]-Gruppe wird das LCM-Virus angesehen (LCM = Lymphocytäre Choriomeningitis); daneben enthält die Gruppe u.a. auch das Virus des Lassa-Fiebers, einer nur in den Tropen vorkommenden fieberhaften Allgemeinerkrankung.

Struktur des LCM-Virions

Das LCM-Virus gehört zu den pleomorphen RNA-Viren mit annähernd kugeliger Gestalt; sein Durchmesser variiert zwischen 50 und 200 nm. Das Viruspartikel enthält eine lipoproteinhaltige Außenstruktur und zeigt in charakteristischer Weise elektronendichte Flecken („Pantherfellzeichnung"). Die Struktur des Innenkörpers ist noch nicht geklärt, so daß man die Bezeichnung „Capsid" nicht verwenden kann. Das Virus ist im Hinblick auf seine Infektiosität Äther-empfindlich. Bei der Ausschleusung aus der Wirtszelle bilden sich charakteristische Knospen in Form einer Membranausstülpung, die das Virion umgibt.

Klinisches Bild der menschlichen Erkrankung

Die Erkrankung des Menschen manifestiert sich in der Regel als mild verlaufender, fieberhafter, grippeähnlicher Infekt. Viele Infektionen verlaufen inapparent. Als häufigste Komplikation tritt eine nicht-eitrige Meningitis mit erhöhten Lymphocytenzahlen im Liquor auf. Die Prognose der Meningitis ist gut. – Sehr selten kommt es im Verlauf der LCM-Infektion des Menschen zu anderen Organerkrankungen (Encephalitis, Orchitis, Myocarditis u.a.) oder gar zu einer tödlichen Allgemeininfektion. Während der Schwangerschaft kann die Infektion Aborte oder aber Gehirnschäden (Hydrocephalus, Chorioretinitis) des Embryo herbeiführen (sehr selten).

Epidemiologie: Mäuse-Zoonose mit gelegentlicher Infektion des Menschen

Keimreservoir für das LCM-Virus ist in unseren Breiten die graue *Hausmaus* und der Goldhamster. Innerhalb des Mäusebestandes hat der Befall mit LCM-Virus endemischen Charakter. Die Mäuse infizieren sich untereinander entweder horizontal, d.h. von Tier zu Tier[17] oder vertikal, d.h. von der Mutter auf die immunologisch unreife Nachkommenschaft. Die horizontale Übertragung von Tier zu Tier erfolgt wahrscheinlich durch Urin

---

[16] arenosus (lat): körnig, fleckig.
[17] gemeint sind hier immunologisch reife Tiere.

und Kot, vielleicht auch durch Insekten. Die vertikale Übertragung erfolgt wahrscheinlich durch Infektion der Eizelle vor der Befruchtung.

Im Verhältnis zur Häufigkeit der LCM-Erkrankung bei Mäusen ergreift die Krankheit den Menschen relativ selten. Wahrscheinlich wird das Virus auf den Menschen durch infizierte Nahrungsmittel oder Staub übertragen. Die hygienischen Maßnahmen zur Prophylaxe konzentrieren sich auf die Bekämpfung der Hausmaus. Eine Schutzimpfung existiert nicht.

Die virologische Diagnose stützt sich auf die Virusisolierung aus Liquor und aus Blut mittels Zellkultur und auf den Nachweis von neutralisierenden und komplementbindenden Antikörpern. Die verbindliche Diagnose des Einzelfalles bleibt Spezialinstituten vorbehalten, doch gibt schon die KBR deutliche Hinweise auf die Erkrankung.

Labordiagnose

Die LCM-Infektion der Maus ist ein Paradigma für alle Infektionskrankheiten, deren Verlauf mehr von den Abwehrreaktionen des Wirtes als von der direkten Wirkung des Erregers bestimmt werden: Für die Pathogenese ist so gut wie ausschließlich die Immunreaktion gegen einen an sich harmlosen Parasiten maßgebend.

Die LCM-Krankheit der Maus: Ein pathogenetisches Unicum

Wird eine erwachsene Maus mit einer kleinen Dosis von LCM-Virus erstmals infiziert, so erkrankt sie unter dem Bilde einer schweren Affektion des Zentralnervensystems. Die Krankheit geht mit hohen Virustitern in allen Organen einher und führt bei einem Teil der Tiere zum Tode; die überlebenden Tiere erweisen sich nach der Rekonvalescenz als virusfrei und zeigen keine Krankheitsfolgen. – Werden Mäuse dagegen in utero oder kurz nach der Geburt infiziert, so entwickelt sich in der Mehrzahl der Fälle trotz massiver Virusvermehrung kein erkennbares Krankheitsbild. Erst nach 10–12 Monaten kommt es zu einer Spätkrankheit; bei dieser dominiert eine chronisch-entzündliche Nierenschädigung. Die im Stadium der immunologischen Unreife infizierte Maus scheidet ihr Leben lang Virus aus; sie wird als PTI-Maus bezeichnet (PTI = Persistente, tolerierte Infektion).

Die Erklärung für diese Verhältnisse liegt in der Erkenntnis, daß die LCM-Infektion als solche die befallene Wirtszelle nicht schädigt: Das Virus kann von der Zelle gewissermaßen „nebenbei", d.h. ohne Nachteil vermehrt werden. Ein schädigendes Moment ist aber dann gegeben, wenn der vom Virus befallene Organismus eine Immunreaktion gegen die im Virion enthaltenen Antigene produziert. Hierbei sind folgende Situationen zu unterscheiden:

Akute Krankheit und symptomfreie Dauerinfektion

Bei der akuten Krankheit, wie sie nach Infektion des erwachsenen, immunologisch reifen Tieres auftritt, wird Virus-Antigen in die Membran der befallenen Zelle eingebaut. Die Zelle wird damit immunologisch „verfremdet" und gewinnt dadurch gewissermaßen die Eigenschaft eines Allotransplantates. Sie wird dementsprechend zum Ziel eines Angriffes von virusspezifisch reagiblen Killerzellen, wie sie als Antwort auf den Antigenreiz des Virusmaterials vom thymusabhängigen Immunorgan der Maus gebildet werden. – Daneben bildet die Maus virusspezifische Antikörper aus, die u.a. zur Neutralisation befähigt sind. Die zweigleisig erfolgende Immunantwort schädigt somit nicht nur die Viren selbst, sondern auch den Wirtsorganismus, und zwar

Horizontale Infektion: Induktion einer quasi autoaggresiven Immunreaktion

über das in die Wirtszellmembran eingebettete Virus-Antigen. Überwiegt die Schädigung des Wirtes, so stirbt das Tier; überwiegt der virusinaktivierende Effekt, so erholt es sich.

Vertikale Infektion: Induktion einer Immuntoleranz

Wird das Tier vor Erlangung seiner immunologischen Reife infiziert, so entwickelt sich eine Immuntoleranz gegen die Virus-Antigene: Das Virusmaterial wird vom Immunsystem als Eigenbestandteil des Organismus „betrachtet" und dementsprechend „ignoriert". Die Toleranz hält im Hinblick auf das T-System das ganze Leben an. Im Hinblick auf das B-System wird die Toleranz nach etwa einem Jahr durchbrochen, und es entstehen Antikörper gegen Virusmaterial. Diese sind nicht fähig, das Virus zu eliminieren und die Infektion zu überwinden. Sie bilden aber mit Antigenkomponenten des Virions Immunkomplexe, die im Glomerulum abgelagert werden und so zur Nierenschädigung führen (Immunkomplex-Nephritis).

Beweise für das immunpathologische Konzept

Die geschilderte Auffassung über den pathogenetischen Grundmechanismus der akuten LCM-Krankheit bei der Maus ist gut fundiert. Folgende Argumente sind dabei besonders gewichtig:
1. Immunsuppressive Maßnahmen verhindern nach Infektion der erwachsenen Maus den Ausbruch der akuten Krankheit. Wirksam sind Röntgenstrahlen, immunsuppressive Substanzen und Antilymphocytenseren.
2. Nach Infektion von postnatal thymektomierten Tieren bleibt die akute Krankheit aus.
3. Die Milzzellen von infizierten und akut erkrankten Erwachsenen-Tieren zeigen Killeraktivität gegenüber syngenetischen Zellen von pränatal infizierten Tieren.

H. Adeno-Viren

Adenoviren Struktur und Eigenschaften

Die Adeno-Viren haben eine einheitliche Struktur und zeigen untereinander Antigenverwandtschaft; sie gehören zu den Ätherresistenten, hüllenlosen DNA-Viren. Alle Adeno-Viren bestehen aus einem DNA-Knäuel, welches in ein als Zwanzigflächner (Ikosaeder) ausgebildetes Capsid eingebettet ist. Aus dem Ikosaeder ragen 12 antennenähnliche Fibern hervor („Sputnikbeinchen"); z. Z. sind etwa 30 menschenpathogene Typen des Adeno-Virus bekannt. Das Capsid selbst besteht aus 252 Untereinheiten (Capsomeren). Hiervon zeigen 240 eine sechseckige Form; diese „Hexone" tragen das bei allen Adeno-Viren vorkommende gruppenspezifische Antigen. Die restlichen 12 Capsomere sind fünfeckig und enthalten als „Pentone" mit den Fibern das typenspezifische Antigen. – Die menschlichen Adeno-Viren sind nur vereinzelt für Tiere pathogen. Sie lassen sich in Kulturen von Menschenzellen gut züchten. Die Vermehrung erfolgt dabei im Zellkern.

Die Mehrzahl der Adeno-Viren agglutiniert bestimmte Erythrocyten, obwohl sie keine Hülle besitzen. Die Hämagglutination kann zur serologischen Typisierung verwendet werden, steht aber an Bedeutung dem Neutralisationstest nach; sie wird durch die Fibern und die Pentone bewirkt.

Die Adeno-Viren vermehren sich in den Epithelien der oberen Luftwege und der Conjunctiven, aber auch im Darmepithel. Eintrittspforte ist die Mundhöhle. Als Folge kommt es zu *katarrhalischen Entzündungen der oberen Luftwege* mit Fieber und Lymphknotenschwellung: Pharyngitis, Rhinitis, Tracheo-Bronchitis mit begleitender Conjunctivitis sind typische Krankheitsbilder („Pharyngokonjunktivalfieber"). Bei den Typen 3 und 7 (und weiteren) steht als charakteristisches Symptom eine ausgeprägte *folliculäre Conjunctivitis* im Vordergrund. Die Prozesse sind im allgemeinen gutartig und bleiben auf die oberen Luftwege beschränkt. Es kann sich die Infektion aber bis zur Virus-Pneumonie steigern. Bei der Pneumonie durch Adeno-Viren fehlen die Kälteagglutinine; dies steht im Gegensatz zu den Infektionen mit M. pneumoniae. Bei Kindern ist die Pneumonie in seltenen Fällen tödlich. – Typ 8 und Typ 19 nehmen eine Sonderstellung ein: Sie verursachen eine im Gegensatz zum Herpes-Virus schmerzhafte und epidemisch auftretende Keratoconjunctivitis. Es kommt zu Hornhauttrübungen, die trotz ihrer längeren Dauer gutartig sind. Für dieses Krankheitsbild typisch ist die Schwellung der präauricularen Lymphknoten. – Die Meningitis durch Adeno-Viren ist selten. – Auch eine hämorrhagische Cystitis ist bekannt.

| Krankheitsbilder |

Bei Laboratoriumstieren erzeugen die Typen 7, 12 und 18 Sarkome. Für den Menschen wird die onkogene Potenz dieser Typen aber nicht wirksam.

Ein großer Teil der Menschen beherbergt in den Tonsillen („adenoides Gewebe") Adeno-Viren über lange Zeit, ohne klinische Erscheinungen zu zeigen. Dabei bilden sich aber Antikörper. Für die sehr lang dauernden, symptomlosen Infektionen dieser Art hat man den Ausdruck „**latente Infektion**" geprägt. Das als latente Infektion bezeichnete Wirt-Gast-Verhältnis ist für Adeno-Viren charakteristisch.

| Charakteristisch für Adeno-Viren: Die latente Infektion |

Bei einer Adeno-Virus-Infektion entwickelt der Patient komplementbindende Antikörper gegen das gruppenspezifische Antigen und neutralisierende Antikörper gegen das typenspezifische Antigen. Der erworbene Schutz gegen Adeno-Viren ist typenspezifisch.

| Immunität: Typenspezifisch |

Typen- und gruppenspezifische Antikörper werden in mäßigen Titern bei einem großen Teil der Bevölkerung gefunden. Eine Impfung der Bevölkerung erscheint nicht lohnend. Bei kasernierten Soldaten ist ein trivalenter mit Formol zubereiteter Totimpfstoff mit den Typen 3, 4 und 7 angewendet worden. Der Totimpfstoff ist wegen Verunreinigung mit dem onkogenen SV-40-Virus aus dem Verkehr gezogen worden. Man kann die Adeno-Viren in Fällen der akuten Erkrankung aus Rachen- und Conjunctivalabstrichen sowie aus Stuhl züchten. Das infektiöse Material wird auf epitheliale Zellkulturen (Mensch) verimpft. Die Identifizierung erfolgt durch die Komplementbindung und die Neutralisation mit Hilfe bekannter Seren. – Die serologische Untersuchung erfaßt gruppenspezifische Antikörper mit der Komplementbindungsreaktion und typenspezifische Antikörper mit der Neutralisationsreaktion.

Epidemiologie: Typenvielfalt erschwert Schutzimpfung

Adeno-Viren werden ausschließlich von Mensch zu Mensch übertragen, und zwar durch Tröpfcheninfektion sowie durch Stuhl (Schmierinfektion). Die Übertragung erfolgt leicht und schnell. Als Infektionsquelle kommt nur der akut Erkrankte, nicht aber der latent Infizierte in Betracht: Beim akut Erkrankten gelangt das Virus in den Speichel und in den Stuhl; beim latent Infizierten findet man das Virus dagegen nur in der Tiefe des adenoiden Gewebes und nicht im Speichel.

Ein großer Teil der Kinder wird in den ersten Lebensjahren durch Adeno-Viren infiziert. Diese Infektionen tragen endemischen Charakter. – Bei Erwachsenen, die unter normalen Wohnbedingungen leben, tragen die Adeno-Virus-Infektionen sporadischen Charakter; sie verursachen lediglich 1–3% der Erkältungskrankheiten. Diese Situation ändert sich aber, wenn Erwachsene in Massenunterkünften (Kasernen, Schulheimen) wohnen. Die Adeno-Virus-Infektion bekommt hier deutlich epidemischen Charakter und kann bei einem erheblichen Prozentsatz der Bewohner auftreten. – In Augenkliniken wird die Adenoinfektion gelegentlich vom Auge des Infizierten auf das Auge des Nicht-Infizierten übertragen. Als Vehikel dienen oft Instrumente, insbesondere Tropfpipetten.

Die Bekämpfung der Adeno-Virus-Infektion beruht auf allgemeinhygienischen Maßnahmen. Die Bekämpfung wird dadurch erschwert, daß die Ausscheidung der Viren nach der Krankheit oft wochenlang andauert.

I. Die Herpes-Gruppe

Die Herpes-Gruppe: Struktur und Systematik

Die Viren der Herpes-Gruppe gehören zu den großen DNA-Viren. Alle Vertreter dieser Gruppe besitzen einen zentralen DNA-Innenkörper und darum herum ein ikosaederförmiges Capsid mit 162 Capsomeren. Außen ist das Capsid von einer

lipidhaltigen Hülle umgeben. Das Virion mißt 180 nm. Die Herpes-Gruppe umfaßt folgende menschenpathogene Erreger:
1. Das Herpes-Virus hominis
2. Das Varicellen-Virus
3. Das Cytomegalie-Virus
4. Das Virus des Herpes B (simiae) der Affen
5. Das Epstein-Barr-Virus.
Daneben gibt es eine Fülle verschiedener Herpes-Viren, die ausschließlich tierpathogen sind.

Das Herpesvirus hominis kommt in *zwei serologisch distinkten Typen* vor. Es gehört zu den Krankheitserregern, mit denen der Mensch am häufigsten in Berührung kommt: Bis zum Erwachsenenalter werden über 90% der Menschen infiziert. Die Infektion verläuft in fast 99% der Fälle inapparent und bleibt das ganze Leben über als **occulte Besiedlung** bestehen. Aus dieser Situation entwickeln sich wiederholt kurzdauernde Exacerbationen, meistens als bläschenförmige harmlose Hauteruptionen. In Einzelfällen aber verursacht das Herpesvirus hominis lebensbedrohliche Krankheiten, sei es als direkte Folge der Infektion (Primärerkrankung) oder als Exacerbation.

| Das Herpesvirus hominis: Allgemeine Bedeutung

Der Typ 1 des Herpes-Virus ist enorm weit verbreitet; er wird als „Oraltyp" oder als „extragenitaler Typ" bezeichnet, weil die Primärinfektion vorwiegend über die Mundhöhle erfolgt. Bis zum 6. Lebensjahr werden praktisch alle Kinder mit Typ 1 infiziert. – Der Typ 2 wird als „Genitaltyp" bezeichnet. Er ist seltener und verursacht vornehmlich bei Erwachsenen herpetische Erkrankungen des Genitales. Möglicherweise besteht zwischen dem Herpes-Virus des Typs 2 und dem Cervixcarcinom der Frau eine ätiologische Beziehung.

| Bedeutung der Typen: Oraler Kinderherpes (1) und genitaler Erwachsenenherpes (2)

Das Herpesvirus hominis weist die typische Struktur der Herpes-Viren auf. Das Wirtsspektrum ist breit und umfaßt neben dem Menschen als natürlichem Wirt zahlreiche Nagetiere, darunter das Kaninchen.

| Eigenschaften des Virus: Breites Wirtsspektrum, leicht züchtbar

Im Laboratorium kann das Herpesvirus hominis ohne Schwierigkeiten mit folgenden Verfahren zur Vermehrung gebracht werden:
1. Auf der Chorio-Allantois-Membran des bebrüteten Hühnereies. Es bildet sich von jedem Viruspartikel ausgehend ein kleiner weißer Flecken (Plaque), der mit freiem Auge zu sehen ist. Er muß von den Plaques des Vaccinia- und des Pocken-Virus scharf unterschieden werden.
2. Auf der Zellkultur. Zahlreiche Zellen sind hierzu geeignet, z.B. menschliche Amnionzellen oder Kaninchennierenzellen. Die Vermehrung des Virus erfolgt im Zellkern. Der cytopathische Effekt besteht neben Zellabkugelung und Chromosomenbrüchen vor allem

in einer syncytialen Verschmelzung der vom Virus befallenen Zellen. Die so entstandenen Riesenzellen sind mehrkernig und enthalten in den Kernen typische Einschlußkörperchen.
3. Sehr leicht sind Herpes-Viren auf der Kaninchencornea zu züchten. Sie erzeugen dort eine typische Keratitis. Diese Art der Züchtung zieht man auch zur Differentialdiagnose zwischen Pocken und Herpes heran. Man weist dabei Herpes-Einschlußkörperchen im *Kern*[18] der Zellen mit der Giemsa-Färbung oder mit der indirekten Immunfluoreszenz nach. Charakteristisch für die Vermehrung des Herpesvirus hominis ist seine Fähigkeit, sich unter Umgehung der Blut- und Lymph-Räume direkt von Zelle zu Zelle zu verbreiten. Dies befähigt das Virus, sich der Wirkung der neutralisierenden Antikörper zu entziehen.

Die manifeste Primärerkrankung: Vorherrschen des „Kinderherpes"

Der Großteil der **Primärerkrankungen** durch Herpes-Virus sind Kinderkrankheiten. Obwohl über 99% der Herpes-Infektionen symptomlos bleiben, sieht man die manifeste Primärerkrankung durch Typ 1 relativ häufig, da praktisch alle Kinder infiziert werden. Demgegenüber tritt die Primärerkrankung bei Erwachsenen wegen der relativen Seltenheit der hier in Betracht kommenden Infektionen mit Typ 2 in den Hintergrund.

Klinische Bilder der Primärerkrankung

1. *Gingivostomatitis herpetica.* Es ist eine mit Aphthen- und Bläschenbildung einhergehende Entzündung der Mundschleimhaut und des Zahnfleisches im Bereich der vorderen Mundhöhle. Die Bläschen und Aphthen macerieren und exulcerieren leicht und zeigen dann einen blutigen Grund. Zur Differentialdiagnose müssen die Herpangina und Stomatitiden anderer Genese (Stomatitis epidemica, Agranulocytose) in Betracht gezogen werden.
2. *Vulvovaginitis herpetica.* Eine mit weißen, scharf abgegrenzten plaqueartigen Herden einhergehende Entzündung des weiblichen Genitales. Die Herde erinnern an Aphthen. Die Affektion kommt vorwiegend bei Erwachsenen vor.
3. Die *primäre Keratoconjunctivitis.* Sie geht mit Hornhauttrübung und Bläschenbildung auf der Cornea sowie auf der Bindehaut einher. Auf der Cornea kann es zu flachen Ulcera kommen.
4. *Eczema herpeticum.* In Hautgebieten mit Ekzem-Efflorescenzen breitet sich die sonst lokal verbleibende bläschenförmige Herpes-Efflorescenz diffus aus und ergreift ausgedehnte Hautbezirke. Die bläschenförmigen Herde erinnern einzeln betrachtet an Varicellen.
5. Die *Meningitis* und die *Meningoencephalitis.* Die primäre Herpes-Meningitis ist gutartig; sie zeigt die Symptome der bakteriellen Meningitiden, insbesondere eine anfängliche Vermehrung der Neutrophilen. Später finden sich nur noch Lympho-

---

[18] Die Einschlußkörperchen bei Pocken befinden sich dagegen im Cytoplasma.

cyten. Die primäre Meningoencephalitis herpetica ist dagegen eine ernste Krankheit, die tödlich ausgehen kann. Sie bildet klinisch die allgemeinen Symptome der Encephalitis aus (Erbrechen, Krämpfe, Bewußtseinstrübung, Lähmungen). Die Herpes-Encephalitis ist mit 50% Hauptrepräsentant aller Encephalitiserkrankungen in unseren Breiten.

6. *Generalisierter Herpes der Neugeborenen* (Herpes-Sepsis). Besonders gefährdet sind frühgeborene Kinder. Die Infektion erfolgt im Geburtskanal, vielleicht auch diaplacentar. Das Krankheitsbild ist durch zahllose Bläschen über die ganze Hautoberfläche hinweg, durch Leber- und Milzschwellung und durch Ikterus gekennzeichnet; es führt fast stets zum Tode. Glücklicherweise ist die Herpes-Sepsis selten.

Als auslösende Momente der **Exacerbation** im Sinne der rekurrierenden Erkrankung kommen in Betracht: Fieberhafte Infekte, Sonnenbrand, Röntgenbestrahlung, Menstruation, akute Gastritis. Die Bezeichnung „Schreckblase" deutet auch auf die Möglichkeit hin, eine Herpes-Exacerbation durch psychische Einwirkung auszulösen.

Die Exacerbation:
Herpes simplex,
Herpes corneae,
Encephalitis

In der häufigsten Erscheinungsform tritt die Exacerbation als *Herpes simplex* auf. Es treten – meistens an Übergangsstellen zwischen Haut- und Schleimhaut – juckende Papeln auf, die sich schnell zu prallen Bläschen entwickeln. Die Bläschen sind 1–3 mm groß und haben einen klaren Inhalt. Sie heilen unter Krustenbildung ab. Betroffen sind die Nasolabialgegend (Herpes labialis, Herpes facialis) und seltener der Genitalbereich (Herpes genitalis). Werden die Hautpartien vor dem Auftreten der Bläschen, also im Initialstadium, mehrmals mit Alkohol oder Äther oberflächlich eingerieben, so unterbleibt meistens das Aufschießen der Efflorescenzen. Auch 5-Jod-2-Desoxyuridin-haltige Salben haben sich bewährt.

Eine weitere Manifestation ist die *Herpes-Keratitis*. Diese ist wegen der Bläschenbildung und der Corneatrübung leicht zu erkennen; die Bläschen können exulcerieren. Die Krankheit ist langwierig und dauert oftmals einige Monate. Die Prognose ist nicht immer gut. Zur Lokalbehandlung wird eine hochprozentige Lösung von 5-Jod-2-Desoxyuridin erfolgreich angewendet. Bei Personen, die älter sind als fünf Jahre, ist jede Keratitis herpetica als Exacerbation zu betrachten: Primäre Keratitiden kommen nur im frühkindlichen Alter vor.

Als ernste Form der Exacerbation kann auch eine *Herpes-Encephalitis* auftreten. Sie bietet das gleiche Bild wie die primäre Herpes-Encephalitis. Antimetaboliten wie Cytosin-Arabinosid oder Jod-Desoxyuridin haben bisher keinen Nutzen gebracht. Adenosin-Arabinosid ist vielversprechend.

Das immunologische Herpes-Paradoxon

Die scheinbar paradoxe Situation, daß beim Herpesvirus hominis der hohe Antikörpertiter und die celluläre Reaktion durchaus vereinbar mit dem Persistieren des Virus sind, kann erklärt werden, wenn man berücksichtigt, daß beim Erwachsenen das versteckte Virus von den Immunprodukten nicht erreicht werden kann und daß bei Exacerbationen die Virusübertragung von Zelle zu Zelle erfolgt.

Labordiagnose

Die Labordiagnose stützt sich in besonderen Fällen auf die Virusisolierung und auf den Antikörpernachweis.
1. Die Isolierung wird in Zellkulturen vorgenommen. Als Untersuchungsmaterial dienen Rachenspülwasser, Liquor, Tränenflüssigkeit, Bläschenflüssigkeit und bei Autopsien Gewebeproben aus Hirn und Leber. Typisch sind die nucleären Einschlußkörperchen in der Zellkultur. Der endgültige Nachweis erfolgt durch Neutralisation mit bekannten Seren.
2. Die serologische Diagnose erfaßt neutralisierende und komplementbindende Antikörper. Nur klare Titeranstiege dürfen verwertet werden, die nur bei Erstinfektionen vorkommen. Bei dem größten Teil der Erwachsenen ist während des ganzen Lebens ein Basistiter nachweisbar (KBR).

Klinische Diagnose

In die klinische Differentialdiagnose zwischen primärem und rezidivierendem (exacerbiertem) Herpes sind folgende Überlegungen mit einzubeziehen:
a) Die extragenitale Primärinfektion kommt praktisch nur bei kleinen Kindern vor. Bei Erwachsenen tritt der orale Herpes nur als Exacerbation auf.
b) Die genitale Primärinfektion kommt vornehmlich nach dem 15. Lebensjahr vor. Auch hier gibt es Rezidive.
c) Bei der Primärinfektion wird das Virus etwa drei Wochen lang im Rachen und Stuhl bzw. im Genitale ausgeschieden.

Epidemiologie: Geringe Contagiosität; Schmierinfektion

Die Infektion durch das Herpesvirus hominis erfolgt von Mensch zu Mensch; sie zeigt endemischen Charakter. Als Virusreservoir sind Dauerausscheider erkannt worden: 10–15% aller Menschen, die älter sind als 6 Jahre, scheiden das Virus in der Tränenflüssigkeit, im Speichel oder Genitale aus. Prostituierte beherbergen im Genitale oft Typ 2. Die Contagiosität ist nicht sehr hoch: Ein intimer Kontakt im Sinne der Schmierinfektion ist notwendig. In Betracht kommt die Mund-zu-Mund-Infektion durch Speichel, die Infektion durch Geschlechtsverkehr (für Typ 2) und die Infektion während der Geburt.
In der Geburtshilfe ist u. U. eine gezielte Prophylaxe notwendig: Zeigt eine Schwangere die Zeichen der genitalen Herpeserkrankung, insbesondere in Form der Vulvovaginitis herpetica, so ist die Schnittentbindung angezeigt, um eine passive Infektion des Neugeborenen zu verhindern. Zusätzlichen Schutz kann dem Neugeborenen die Gabe von humanem γ-Globulin bieten; besonders indiziert ist diese Maßnahme, wenn das frühgeborene

Kind auf natürlichem Wege zur Welt gekommen ist und die Mutter eine Herpes-Exacerbation zeigt. – Äußerst selten wird eine Herpes-Embryopathie beobachtet.
Die Prophylaxe bei Säuglingen und Kleinkindern beruht auf allgemein-hygienischen Maßnahmen. Eine entsprechende Fürsorge ist besonders bei Leukämiekranken sowie bei durch Cytostatica behandelten Kindern indiziert. Ekzemkranke sollten vor Herpes-Infektion ebenfalls geschützt werden.

Das Varicellen-Virus ist der Erreger der Windpocken und des Zoster; es ist serologisch einheitlich. Windpocken sind eine weitverbreitete und häufige Kinderkrankheit von äußerst hoher Contagiosität; sie treten endemisch auf. Eine primäre Empfänglichkeit ist fast immer vorhanden; die Infektion verläuft stets apparent. Die Durchseuchung erfolgt für den größten Teil der Kinder innerhalb der ersten 10 Lebensjahre. Das Virus persistiert dann vielfach und kann später zu Rezidiven bzw. Exacerbationen führen. Von diesen ist die sporadisch als Zoster auftretende Neuritis der Erwachsenen (Gürtelrose) die wichtigste Erscheinungsform. Die Persistenz des Varicellen-Virus ist ein Analogon zur Persistenz des Herpes-Virus.

Das Varicellen-Zoster-Virus: Bedeutung

Das Virus ist morphologisch vom Herpes-Virus nicht zu unterscheiden. Biologisch und immunbiologisch zeigt es jedoch gänzlich andere Eigenschaften. Das Varicellen-Virus geht auf keinem Versuchstier an und ist nur schwer züchtbar; es kann nur auf menschlichen Embryonalzellen zur Vermehrung gebracht werden. In den Zellkulturen produziert es typische Einschlußkörperchen im Zellkern. Auf wachsende Zellen wirkt es colchicin-ähnlich, d. h. es arretiert die Zellteilungen und verursacht abartige Chromosomenformen.

Eigenschaften des Virus: Enges Wirtsspektrum, schwer züchtbar

Die Inkubationszeit beträgt 2–3 Wochen. Als Eintrittspforte dienen der Nasen-Rachen-Raum und die Conjunctiven. Die primäre Empfänglichkeit ist stets vorhanden. Der Infizierte wird 1–2 Tage vor Ausbruch der Erkrankung infektiös und scheidet dann für etwa 1 Woche das Virus massiv aus. Die Infektiosität erlischt aber erst mit dem völligen Abheilen des Exanthems, d. h. mit dem Abfall der Borken. *Die Infektion verläuft stets manifest.* Da die Krankheit aber häufig sehr leicht verläuft, werden die Symptome oftmals nicht beachtet („Spielplatz-Varicellen"). – Die äußerst seltene Varicellenerkrankung von Graviden kann zur Embryopathie führen.

Klinik
Pathogenese

Das Virus gelangt von der Eintrittspforte im Wege der *Generalisierung* in die Haut und verursacht das typische Exanthem. Es bilden sich zunächst kleine Papeln und dann streichholzkopfgroße, einzeln stehende, nicht-gekammerte Bläschen mit anfäng-

Das klassische Bild

lich klarem, später trübem Inhalt. Die Bläschen sind von einem roten Saum umgeben; sie jucken und werden vom Patienten oft zerkratzt. In späteren Stadien zeigen die unverletzten und größeren Bläschen eine zentrale Delle. Die Bläschen entstehen in Schüben, d. h. nicht gleichzeitig: Man findet auf der Haut nebeneinander die verschiedenen Entwicklungsstadien der Efflorescenz von der Papel bis zur Borke. Einzelne Bläschen können nach Verletzung durch Kratzen superinfiziert werden und vereitern. Dann entstehen kreisrunde Narben. – Die Windpocken verlaufen häufig ohne Fieber.

Komplikationen

In seltenen Fällen entstehen als Komplikation Otitis, Pneumonie, Nephritis. Als schwerwiegende Weiterung erscheint zunächst die Meningoencephalitis, die aber meist ohne Folgen abheilt; nur in seltenen Fällen gibt es Defektheilungen. Varicellen verlaufen bei Cortison-behandelten Kindern und bei Leukämiepatienten oft bösartig-generalisiert im Sinne einer hämorrhagischen Septicämie.

Viruspersistenz:
Zoster als Exacerbation bei Teilimmunität

Nach Abheilung der Varicellen bleibt eine meist lebenslange Immunität bestehen. Trotzdem kann nach der Abheilung das Virus persistieren. Das bei der vollen Immunität persistierende Virus kann bei deren Nachlassen zu Exacerbationen führen. Diese Situation entwickelt sich meist ohne erkennbare Ursache; in einzelnen Fällen kann man dafür Kachexien, Tumoren, Abwehrinsuffizienz durch Leukämie, cytostatische und immunsuppressive Therapie verantwortlich machen. *Die Exacerbationen verlaufen* durch die noch bestehende Teilimmunität bedingt, nicht als generalisiertes Exanthem, sondern *als lokal begrenzte exanthematische Neuroradiculitis* (Zoster, Gürtelrose). Nur ältere Kinder und Erwachsene kommen für diesen Infektionsverlauf in Betracht. Betroffen sind die sensorischen Ganglien der Wirbelsäule und die Ganglien der betroffenen Gehirnnerven. Das in den Ganglien ruhende, persistierende Virus vermehrt sich und breitet sich streng begrenzt in dem von dem befallenen Ganglion versorgten Hautgebiet aus; hier kommt es zur Bildung eines bläschenförmigen Exanthems mit den Zeichen einer sehr schmerzhaften Neuritis. Typisch ist die *einseitige Lokalisation* am Thorax und in der Schulter-Nacken-Gegend; es kommen aber auch Fälle mit Beteiligung des Trigeminus vor.

Diagnose

Die klinische Diagnose bereitet im allgemeinen keine Schwierigkeiten. Von großer Bedeutung ist aber eine exakte Abgrenzung gegen Pocken, insbesondere gegen die Variolois. Die Entscheidung ist durch die elektronenmikroskopische Untersuchung des Pustelinhaltes aufgrund der Virusmorphologie eindeutig möglich. Für die affirmative Varicellendiagnose ist schließlich der Antikörpernachweis wichtig. Er wird als Komplementbindung oder fluorescenzserologisch mit Hilfe infizierter Zellkulturen vorgenommen.

Der weitaus größte Teil der Kinder absolviert die Varicellen bis zum 10. Lebensjahr. Erwachsene erkranken sehr selten. Das Ansteckungsmaximum liegt bei der Gruppe der 2–6jährigen Kinder. Varicellen treten endemisch-epidemisch auf; hierbei sind der Winter und das Frühjahr die Hauptkrankheitszeiten. Die Infektion erfolgt von Mensch zu Mensch als Tröpfcheninfektion. Virusquelle ist der Erkrankte; gesunde Ausscheider existieren nicht. Varicellen sind wahrscheinlich die contagiöseste Krankheit, die wir kennen: Die Übertragung von infektiösem Material durch Luftzug über mehrere Räume hinweg ist verschiedentlich beobachtet worden. *Die Contagiosität der Varicellen ist größer als diejenige der Pocken.*

| Epidemiologie: frühe Durchseuchung: extrem hohe Contagiosität |

Das Virus der menschlichen Cytomegalie (früher als „Speicheldrüsen-Viruskrankheit" bekannt), ist weit verbreitet und führt bei Kindern und jungen Menschen in der Regel zu inapparent verlaufenden Infektionen. Ein großer Teil der Infektionen geht in die Latenz über und führt zum Virusträgertum auf Dauer. Die Ansteckung hat bis zum 35. Lebensjahr etwa 80% der Menschen erfaßt. – Pathologische Auswirkungen der Infektion kommen vor allem bei Neugeborenen durch intrauterine Infektion vor: *Die Cytomegalie ist z. Zt. die häufigste Ursache von Mißbildungen, vor der Toxoplasmose und vor den Röteln.* – Beim Erwachsenen kommt es zur manifesten Erkrankung aufgrund der Aktivierung einer latenten Infektion bei allgemeiner Abwehrschwäche (z. B. bei immunsuppressiver Behandlung) oder in der Gravidität. Auch bei intrauteriner Übertragung verläuft der größte Teil der Infektionen inapparent. Das Virus kann auch durch Bluttransfusion übertragen werden. Nach Transplantationen und der darauffolgenden Behandlung mit Immunsuppressionen wird erfahrungsgemäß das Virus aktiviert.

Das Virus der menschlichen Cytomegalie – Allgemeine Bedeutung

Das humane Cytomegalie-Virus ist morphologisch von dem Herpes-Virus und dem Varicellen-Virus nicht zu unterscheiden. Es ist nur für den Menschen pathogen und vermehrt sich nur in humanen Fibroblasten. Die Viren der Cytomegalie bilden eine große Gruppe und treten bei vielen Säugetierspecies auf. Für den Menschen ist aber nur das Virus der humanen Cytomegalie pathogen.

Eigenschaften des Virus

Bei der intrauterin oder früh-postnatal erworbenen Infektion zeigt die manifest verlaufende Krankheit makroskopisch bzw. klinisch eine Vielzahl von Erscheinungen. Es kann bei der transplacentaren Infektion zur Totgeburt kommen. Beim lebend geborenen kranken Kind findet man Hepatosplenomegalie, thrombocytopenische Purpura, hämolytische Anämie, Ikterus, dane-

Pathologie – Klinik: Bei Frühinfektion folgenreiche Generalisierung, bei Spätinfektion meist inapparent

ben auch Mikrocephalie. Opticusatrophie, intracerebrale Verkalkungen, Chorioretinitis und geistige Retardierung.
Die *congenitale Cytomegalie* gilt heute als wichtigste Ursache der angeborenen Mikroencephalie. Von allen Neugeborenen haben 1‰ direkt nachweisbare Cytomegalie-bedingte Schäden des ZNS. Weitere 2–3‰ besitzen geringgradige, aber mit empfindlichen Tests nachweisbare Schäden des ZNS. Histologisch findet man in fast allen epithelialen Organen typische Cytomegalie-Zellen. Diese Zellen sind stark vergrößert und zeigen im Kern liegende eosinophile Einschlußkörperchen; diese sind von einem Hof umgeben, in welchem sie exzentrisch liegen. Die Einschlüsse werden treffenderweise mit Eulenaugen verglichen. – Schäden des Embryo treten nicht nur im Verlauf einer Primärinfektion während der Gravidität auf, sondern auch bei solchen Graviden, deren Infektion weit zurückliegt und chronisch geworden ist. Offenbar können Infektionen des Embryo auch vom virushaltigen Cervixgebiet ausgehen. Bei der Toxoplasmose und den Röteln hingegen sind Embryopathien nur aufgrund einer Primärinfektion der Schwangeren beobachtet worden.
Bei Erwachsenen verläuft die Cytomegalie fast immer inapparent; nach Aktivierung der latenten Infektion ergibt sich ein fieberhaftes Krankheitsbild, welches z.T. an die infektiöse Mononukleose erinnert, aber im Paul-Bunnell-Test negativ ist. Gelegentlich wird eine Hepatitis beobachtet.

Virusreservoir

Als *Quelle* für die Infektion kommen vor allem *gesunde kindliche Virus-Ausscheider* in Betracht. Von den Neugeborenen sind 1% Virusausscheider. Das Virus persistiert nach der inapparent verlaufenden primären Infektion in den Speicheldrüsen, in den Nieren und den Leukocyten. Die Ausscheidung erfolgt oftmals monate- und jahrelang durch den Speichel und den Urin. Erwachsene scheiden das Virus kaum aus; eine Übertragung durch Bluttransfusion ist aber, wie erwähnt, trotzdem möglich.

Labordiagnose:

Die cytologischen Befunde (Einschlußkörperchen) sind für die Beurteilung von Totgeburten entscheidend. Bei kranken Kindern erfolgt die Diagnose durch Virusisolierung aus Speichel und Urin auf humanen Fibroblasten. Der Antikörpernachweis erfolgt mit Hilfe der Komplementbindungsreaktion und der Sandwichtechnik oder als Neutralisationstest. Komplementbindende Antikörper sind als Zeichen einer akuten Erkrankung anzusehen, während die neutralisierenden Antikörper nur katamnestische Bedeutung haben. Bei Cytomegalie-kranken Neugeborenen findet man sehr oft Antikörper der Klasse IgM.

Das Herpes-B-Virus:
Encephalitis durch Laborinfektion von Affen

Das Herpes-B-Virus ist serologisch mit dem Herpesvirus hominis verwandt. Es kommt endemisch bei Affen vor und ist für zahlreiche Tiere pathogen; die Infektion der Affen verläuft latent, die virustragenden Tiere sind klinisch gesund. Das Virus wird auf den Menschen ausschließlich durch engen Kontakt mit Affenmaterial übertragen. In Betracht kommen Bißwunden, Kratzwunden und Umgang mit Zellkulturen. Im Anschluß an die Infektion entwickelt sich nach einer Inkubationszeit von sieben Tagen eine äußerst bösartige Meningoencephalomyelitis. Der Ausgang für den Menschen ist ausnahmslos tödlich. Bei Affenbißwunden wird die Umspritzung mit spezifischem Antiserum empfohlen. Für die Herstellung von Impfstoffen in Affenzellkulturen stellt das B-Virus eine große Gefahr dar; es kann die Zellkulturen als sog. Pick-up-Virus verunreinigen. Sorgfältige Kontrollen sind zum Ausschluß des B-Virus in den Präparaten notwendig.

Das Epstein-Barr-Virus (EBV) gehört zur Herpes-Gruppe. Es ist das ätiologische Agens der *infektiösen Mononucleose* (Pfeiffersches Drüsenfieber). Möglicherweise entsteht das in Afrika vorkommende *Burkitt-Lymphom* ebenso wie der lympho-epitheliale Nasopharyngealtumor (Schmincke-Tumor) aufgrund einer EBV-Infektion. Das Virus ist außerordentlich weit verbreitet; man kann es als ubiquitär ansehen.

Das Epstein-Barr-Virus

Die Krankheit ist am meisten bei jungen Leuten zwischen 15 und 30 Jahren zu beobachten. Kinder erkranken selten. Bei mindestens 50% der Angesteckten verläuft die Infektion aber inapparent. Der Durchseuchungsgrad ist sehr hoch: Bis zum 30. Lebensjahr ist praktisch die ganze Bevölkerung infiziert worden. Die Übertragung erfolgt oral, meist durch infektiösen Speichel, z.B. beim Küssen; zur Infektion müssen virushaltige Zellen übertragen werden („College-Krankheit", „kissing disease"). Die Inkubationszeit ist bei Kindern mit etwa 10 Tagen, beim Erwachsenen mit 4–8 Wochen zu veranschlagen.

Die infektiöse Mononucleose: Häufigkeit und Bedeutung

Die Symptomatik ist durch die folgende Trias gekennzeichnet:
1. Fieberhafter Infekt, z.T. mit Angina
2. Allgemeine Lymphdrüsenschwellung mit Milztumor
3. „Buntes Blutbild".

Symptome

Die Angina ist oft flächenhaft und führt auf den Tonsillen zu graugelben Belägen und gelegentlich auch zu Ulcera. Es kann sich aber auch das vorwiegend katarrhalische Bild einer Pharyngitis bilden. Häufig ist ein starker Foetor ex ore. Die Lymphknotenschwellungen finden sich am Hals, in der Achselbeuge, in der Leistengegend, aber auch im Hilus. Der Milztumor ist weich. Im Blutbild findet sich typischerweise eine große Zahl großer Lymphoidzellen. Sie werden im Gegensatz zu den segmentkernigen Neutrophilen unkorrekterweise als „mononucleäre Zellen" bezeichnet; es sind in Wirklichkeit aktivierte T-Lymphocyten. Diese Zellen haben einen lockeren Kern, der gelegentlich gelappt ist, und ähneln den Monocyten. Der Unerfahrene hält sie gelegentlich für Paramyeloblasten und diagnostiziert irrtümlicherweise eine akute Leukämie. In seltenen Fällen kommt es zum Exanthem und zur ZNS-Beteiligung in Form von Meningitis, Neuritis oder Polyneuritis; selten ist auch die Beteiligung von Herz (Myocarditis), Lunge (Pneumonie) und Leber (Hepatitis mit Ikterus). Beim Erwachsenen sind die Lebertests allerdings oft pathologisch verändert, ohne daß Ikterus besteht.

Pathogenese: Virusbefall der weißen Blutzellen mit Persistenz

Das Virus befällt die weißen Blutzellen (B-Zellen) und ändert deren biologische Eigenschaften: Die befallene Zelle läßt sich zum Unterschied von der Normalzelle in der Zellkultur über Generationen fortzüchten. Die befallenen Zellen wachsen als „Blastzellen", d.h. sie bieten das Bild des jungen Lymphocyten (Lymphoblasten). Das Virus ist in den weißen Blutzellen von vielen gesunden Erwachsenen zu finden; die meisten Erwachsenen besitzen überdies virusspezifische Antikörper. Dies führt zu der Folgerung, daß das Virus vermutlich lebenslang persistiert.

Labordiagnose:
Der Paul-Bunnell-Test

Die Züchtung des Virus ist außerordentlich schwierig und spielt in der Praxis keine Rolle. Neben dem Blutbild und den Lebertests ist die Paul-Bunnell-Reaktion (Hanganatziu-Deicher-Reaktion) als wichtigste Stütze der Diagnose anzusehen: Im Serum des akut Erkrankten tauchen Antikörper auf, die mit Schaf-Erythrocyten reagieren und sie agglutinieren. Man nimmt an, daß diese Erscheinung auf einer serologischen Verwandtschaft zwischen dem Epstein-Barr-Virus und den Schaf-Erythrocyten beruht. Die Agglutinine im Patientenserum dürfen allerdings nur dann als diagnostisch verwertbar angesehen werden, wenn andersartige, nicht-krankheitstypische Agglutinine aus dem Patientenserum durch Absorption entfernt worden sind. Zusätzlich muß die diagnostische Wertigkeit der abgelesenen Agglutinationskontrollen mit Erythrocyten anderer Species überprüft werden; diese Kontrollen müssen negativ bleiben.

Der Henle-Test

Als Henle-Test bezeichnet man einen Sandwich-Fluorescenz-Test mit dem Serum des Kranken oder des Rekonvaleszenten gegen das bekannte Capsid des Epstein-Barr-Virus. Das Capsidmaterial befindet sich in den Zellen des Burkitt-Lymphoms; man gewinnt die Zellen aus Burkitt-Tumoren, züchtet sie und streicht sie auf Objektträger aus. Das gleiche Capsidmaterial kommt auch in Lymphocyten von Mononucleose-Kranken vor, wenn diese einige Zeit in vitro kultiviert worden sind und mehrere Generationen durchlaufen haben.

Burkitt-Tumor – eine Folge der Infektion mit EBV?

Der Burkitt-Tumor kommt als bösartiges Lymphom in gewissen, stark Malaria-verseuchten Gegenden Afrikas vor. Das Nasopharyngeal-Carcinom vom Schmincke-Typ tritt als lymphoepithelialer Tumor in China auf; es kann als Analogon des Burkitt-Tumors betrachtet werden. Beide Tumoren sind in den USA und in Europa extrem selten. Burkitt-Tumoren entwickeln sich nach einer vorhergehenden Infektion mit dem EBV möglicherweise aufgrund einer schädigenden Wirkung der schweren Malaria auf das Immunsystem: In den Malaria-freien Gegenden Afrikas kommt das Burkitt-Lymphom nicht vor. Das Auftreten der Schmincke-Tumoren in China ist offenbar an bestimmte genetische Eigenschaften geknüpft. – Offenkundig entsteht ein Tumor nur dann, wenn die EBV-Infektion mit einer besonderen, glücklicherweise selten vorkommenden Konstellation von Wirtsfaktoren zusammentrifft. Für den Zusammenhang mit dem Epstein-Barr-Virus spricht die Tatsache, daß beide Tumoren eine DNA enthalten, die mit Epstein-Barr-DNA hybridisiert. Allerdings enthalten die Tumoren daneben auch eine RNA, die mit Oncorna-RNA hybridisiert; dieser Befund schwächt die Überlegungen im Zusammenhang mit dem EBV ab.

J. Pocken

Die Pocken sind eine hochcontagiöse, exanthematische Krankheit mit hoher Letalität. Die Empfänglichkeit des nicht-geimpften Menschen gegenüber der Erstexposition ist sehr groß. Bei nicht-immunen Personen verlaufen die Pocken in über 95% der Fälle manifest; es gibt also kaum klinisch inapparente Formen.

| Allgemeine Bedeutung: Hochcontagiös; Gefahr nur bei Einschleppung |

Die Pocken sind als endemisch auftretende Seuche bis ins 19. Jahrhundert hinein eine der am meisten gefürchteten Krankheiten gewesen. Sie waren bis in die Mitte des 19. Jahrhunderts eine Hauptursache für das Stagnieren der Bevölkerungszahl in Europa trotz hoher Geburtenziffer. Heute sind die Pocken-Endemieherde aus Europa verschwunden. Endemisch kommen die Pocken noch in Afrika und in Indien vor. Die nach dem 2. Weltkrieg in Europa registrierten Infektketten sind von eingeschleppten Einzelfällen ausgegangen; hierbei hat der Luftverkehr eine entscheidende Rolle gespielt.

Für eine progressiv seuchenhafte Ausbreitung der Pocken fehlen in unserem Lande die Voraussetzungen. Man taxierte früher, daß bei einem Anteil von 70% Geimpfter an der Bevölkerung die Pocken sich nicht mehr epidemisch ausbreiten können. Heute ist man der Ansicht, daß unser Land gegen Pocken auch ohne gesetzliche Impfpflicht geschützt werden kann. – Jeder Fall von Pockenverdacht, von Pockenerkrankung und von Pockentodesfall ist dem Gesundheitsamt zu melden; meldepflichtig ist auch der Ansteckungsverdacht.

Die Pockenviren: Man faßt unter der Bezeichnung „Pocken-Viren" eine umfang-
Stellung und reiche Gruppe von *großen DNA-Viren* mit typischen Eigenschaf-
Systematik ten zusammen. Die Pocken-Viren haben eine *komplexe Struktur;*
sie treten als Erreger einer Vielzahl von Krankheiten bei Mensch
und Tier auf.

Die einzelnen Glieder der Pocken-Gruppen haben hinsichtlich
ihrer biologischen Eigenschaften zwar große Verschiedenheiten;
im Hinblick auf den Aufbau des Virions und dessen Antigenstruktur zeigen sie aber einheitliche Merkmale: Sie besitzen eine
Quaderstruktur und ein *Hämagglutinin,* sind jedoch kaum Äther-
empfindlich.

Die Pocken-Virusgruppe gliedert sich nach dem jeweiligen Pathogenitätsspektrum ihrer Glieder in sieben Untergruppen. Hiervon
sind nur zwei für die Humanmedizin bedeutsam; die übrigen
Erreger kommen nur bei Tieren vor.

1. Untergruppe: Variola-Vaccinia-Virus
a) Menschenpocken-Virus (Poxvirus variolae)
b) Alastrim-Virus
c) Vaccinia-Virus (Poxvirus officinale)
d) Originäres Kuhpocken-Virus (Poxvirus bovis)
e) Mäusepocken-Virus (Poxvirus muris, Ektromelie-Virus)
f) Affenpocken-Virus

2. Untergruppe: Molluscum-contagiosum-Virus (Poxvirus mollus-
ci). Es ist für den Menschen pathogen und erzeugt die als Molluscum contagiosum bekannten gutartigen Tumoren.

3.–7. Untergruppe: Hierher gehören zahlreiche für den Menschen
apathogene Viren, z. B. die Geflügelpocken-Viren, die Myxom-
Viren, die Schaf- und Ziegenpocken-Viren, und schließlich die um-
fangreichen Gruppen der pockenähnlichen Viren (Melkerknoten-
Virus und Insektenpocken-Viren).

Pocken-Virus und Das *Pocken-Virus* ist für den Menschen hochpathogen und als
Vaccinia-Virus: Erreger der Pocken (Blattern, Variola vera, „smallpox") bekannt;
Zwei distinkte es hat ein extrem enges Wirtsspektrum und kommt nur beim
Subspecies Menschen vor.

Im Gegensatz dazu ist das *Vaccinia-Virus* für den Menschen
nur schwach pathogen; es hat ein äußerst breites Wirtsspektrum
und ruft bei zahlreichen Haustieren, vor allem bei Paarhufern,
Krankheitserscheinungen hervor. Es ist als einer der beiden
Kuhpocken-Erreger bekannt.

Das Vaccinia-Virus wurde zu Anfang des vorigen Jahrhunderts isoliert.
Die Abkömmlinge dieses Isolates dienen noch heute als Impfvirus; sie
werden in Passagen weitergeführt und zum Lebendimpfstoff verarbeitet.
Ihre Genealogie ist nicht genau bekannt: Wir kennen weder den Zeitpunkt noch die Umstände der Erstisolierung; unbekannt ist auch die
Herkunft des Impfvirus. Wahrscheinlich ist es seinerzeit von einem kuh-
pockenkranken Rind künstlich auf den Menschen übertragen und dann

in Passagen von Mensch zu Mensch weitergeführt und zur Impfung verwendet worden. Um 1830 hat man dieses Virus vom Menschen auf Kälber übertragen und auf diese Weise weitergeführt. Heutzutage werden die Abkömmlinge des gleichen Virus in unzähligen Linien auf verschiedenen Tieren und in Zellkulturen als Vaccinia-Impfvirus gezüchtet und zur Bereitung des Lebendimpfstoffes verwendet. Das Vaccinia-Virus gleicht zwar dem originären Kuhpocken-Virus; es unterscheidet sich von diesem aber deutlich aufgrund einiger stabiler und gut faßbarer Eigenschaften. Deshalb muß das Vaccinia-Virus als eigene Subspecies angesehen werden und nicht als „Modifikation" des originären Kuhpocken-Virus. Völlig abwegig ist auch die Ansicht, das Vaccinia-Virus sei ein attenuierter Stamm des Variola-Virus: Alle Versuche, eine solche Attenuierung in Rinderpassagen nachzuvollziehen, sind mißglückt.

Das Pocken-Virus (Variola-Virus) ist ein DNA-Virus mit komplexer Struktur. Es ist quaderförmig gebaut und mißt etwa 200 × 300 nm. Damit ist das Pocken-Virus das größte aller bisher bekannten Viren; seine Partikel lassen sich lichtmikroskopisch als Elementarkörperchen gerade noch darstellen. Die DNA des Virions ist auf einen „Proteinstab" aufgewickelt. Das Pocken-Virus besitzt zwei ineinanderliegende Hüllen und dazwischen zwei Polkörperchen in Gestalt von je einer „Polscheibe". – Das Vaccinia-Virus zeigt einen ähnlichen Aufbau und ist elektronenoptisch vom Variola-Virus nicht unterscheidbar. Das Pocken-Virus enthält ebenso wie das Vaccinia-Virus in seiner Außenstruktur ein Hämagglutinin.

Aufbau des Pocken- und des Vaccinia-Virus: Gleiche Quaderstrukturen

Im Hinblick auf den Antigenaufbau sind die Partikel des Vaccinia-Virus und das Pocken-Virus völlig gleich. Das Virion enthält in seinem Innern einen Komplex von zwei Antigenen (LS-Antigen); die Komponenten dieses Komplexes werden bei infizierten Geweben und beimpften Zellkulturen als „lösliches Antigen" ins Milieu abgegeben und sind dort durch Komplementbindung mit bekannten Seren nachweisbar. Das LS-Antigen bietet wegen seiner Lage im Innern des Virions keinen Ansatzpunkt für die Neutralisation des Virions durch Antikörper. Es wird aber im Körper des Patienten in großen Mengen frei und führt zur Antikörperbildung. Die gegen das LS-Antigen gebildeten Antikörper des Patienten werden mit der Komplementbindung mit Hilfe von bekannten Antigenen erfaßt und sind diagnostisch wichtig.

Gleicher Antigenaufbau: Innere und äußere Antigene

Das außen liegende Hämagglutinin ist ein starkes Antigen und führt zur Bildung von hämagglutinationshemmenden Antikörpern. Neben dem Hämagglutinin besitzt das Virion in seiner außen liegenden Partie ein besonderes, für die Neutralisation maßgebendes Antigen, welches als V-Antigen bezeichnet wird. Neutralisierende und hämagglutinationshemmende Antikörper sind diagnostisch wichtig, und zwar sowohl für die Diagnose am Patienten wie auch für die Identifizierung des isolierten Virus.

Hämagglutinationshemmung und Neutralisation

Viruszüchtung: Das „schwierige" Pocken-Virus und das „dankbare" Vaccinia-Virus	Das Pocken-Virus verlangt wegen seines engen Pathogenitätsbereiches besondere Züchtungsbedingungen. Im Gegensatz dazu zeigt sich das Vaccinia-Virus wegen seines extrem breiten Wirtsspektrums in zahlreichen Biosystemen als vermehrungsfähig.
Züchtung des Pocken-Virus	Für das Pocken-Virus eignen sich folgende Züchtungsverfahren: 1. *Vermehrung im lebenden Tier.* Der Versuch gelingt nur mit Affen und Babymäusen. Alle übrigen Tiere sind unempfänglich. Eine Sonderstellung nimmt der Paul'sche Versuch ein. Er beruht auf der Inoculation der Kaninchencornea mit Pocken-Virus; es kommt dabei zur Keratitis und zum Auftreten von Einschlußkörperchen. Der Kaninchen-Cornealtest wird aber nur zur Diagnose angewendet und nicht zur Viruszüchtung. 2. *Inoculation der Chorio-Allantois-Membran* von embryonierten Hühnereiern. Es bilden sich in typischer Weise fleckförmige Trübungen in Gestalt von kleinen (!) weißen Herden (Plaques). Für jedes infizierende Partikel entsteht ein Plaque. Histologisch imponieren die Plaques als lokale Zellwucherungen vornehmlich im Ektoderm und im Mesoderm. Die Pathogenität des Pocken-Virus für den Embryo ist, gemessen an der tödlichen Dosis, wesentlich geringer als diejenige des Vaccinia-Virus. 3. *Züchtung in der Zellkultur.* Das Pocken-Virus läßt sich in vitro zwar gut züchten, es vermehrt sich jedoch weniger schnell als das Vaccinia-Virus und liefert auch nicht so hohe Ausbeuten. Man verwendet meistens fortgezüchtete Zellstämme (permanente Zellkulturen) von Mensch und Tier. Der cytopathische Effekt tritt in der Regel als Abkugelung auf.
Vaccinia-Virus: Superbreites Wirtsspektrum erleichtert die Züchtung	Das Vaccinia-Virus hat das breiteste Wirtsspektrum von allen bisher bekannten Viren. Seine Züchtung ist deshalb leicht und in einer Fülle verschiedener Versuchsanordnungen möglich. 1. Im *lebenden Organismus* kann das Vaccinia-Virus weitgehend unabhängig von der Versuchstierspecies zur Vermehrung gebracht werden. Bevorzugt wird dabei in unserem Lande die cutane Verimpfung auf Kälber. 2. Im *bebrüteten Hühnerei* vermehrt sich das Vaccinia-Virus auf der Chorio-Allantois-Membran und bildet Zellwucherungen in Gestalt von großen(!) weißen Herden (Plaques) mit zentraler Nekrose. 3. In der *Zellkultur* vermehrt sich das Vaccinia-Virus schnell und erreicht wesentlich höhere Partikelzahlen als das Variola-Virus. Fast alle Tierarten liefern geeignete Zellen. Der cytopathische Effekt besteht in einer Abkugelung mit anschließender Lyse.
Vermehrungsmodus: Klassische Ausprägung des Cyclus	Der Vermehrungscyclus der Pocken-Viren ist am Beispiel des Vaccinia-Virus besonders gut studiert worden. Die für die allgemeine Virologie grundlegenden Erkenntnisse über Adsorption, Penetration, Enzyminduktion, „decoating", Bausteinsynthese und Montage sind zum großen Teil am Modell des Vaccinia-Virus gewonnen worden. Die Vermehrung der Pocken-Viren erfolgt nicht im Kern der Wirtszelle, sondern an besonderen Orten (Synthesezentren) des Cytoplasmas. Die Synthesezentren arbeiten selbständig und ohne daß gleich von Anfang an eine repressive Rückwirkung auf den Informationsfluß der Wirtszelle erfolgt, wie dies für kleine Viren bekannt ist: In den Anfangsstadien kann die Vermehrung des Pocken-Virus von der Zelle gewissermaßen neben-

her betrieben werden, da ein besonderes Synthesesystem für die Virusbestandteile als besonderes „compartment" der Zelle zusätzlich aufgebaut wird.

Charakteristisch für die Morphologie der vom Vaccinia- und vom Variola-Virus befallenen Zelle sind zwei Elemente, die schon sehr früh beschrieben worden sind.
Es sind dies:
1. *Die Paschen'schen Elementarkörperchen.* Sie treten in der frühen Phase des Vermehrungscyclus im Cytoplasma auf und können nach geeigneter Färbung (z.B. mit Viktoriablau) lichtmikroskopisch gerade eben noch wahrgenommen werden. Sie entsprechen z.T. den reifen Einzelpartikeln; z.T. sind es unreife Partikel.
2. *Die Guarnierischen Einschlußkörperchen.* Diese sind lichtoptisch gut wahrnehmbar, da sie bis zu 10 μm groß werden. Sie färben sich als basophile Einschlüsse im Cytoplasma gut an. Die Einschlußkörperchen sind Aggregate aus reifen und unreifen Viruspartikeln („Virusaggregate"). Sie werden als das morphologische Korrelat der Synthesezentren angesehen („extranucleäre Virusfabriken").

Eintrittspforte für das Pocken-Virus ist in den meisten Fällen der *Nasen-Rachen-Raum.* Die Übertragung erfolgt von Mensch zu Mensch durch *Tröpfcheninfektion* und durch Einatmen von *eingetrocknetem Pustelmaterial.* Die Inkubationszeit beträgt etwa 2 Wochen (12–13 Tage). In dieser Zeit vermehrt sich das Virus im lymphatischen Gewebe der Eintrittspforte. Sehr schnell entsteht dann eine *erste*, transitorische („kleine") *Virämie,* durch welche das Virus über das ganze reticuloendotheliale System verbreitet wird. Hier erst vermehrt sich das Virus massiv; es bricht in einer *zweiten* („großen") *Virämie* erneut in die Blutbahn ein und lokalisiert sich in den Schleimhäuten und schließlich in der Haut: Es kommt jetzt zu den typischen Efflorescenzen. Die zweite Virämie entsteht kurz vor dem Beginn der klinischen Krankheitserscheinungen.

Man beobachtet bei Beginn der klinischen Erscheinungen einen mit schwerem Krankheitsgefühl, hohem Fieber und heftigen Kreuzschmerzen einhergehenden Rachenkatarrh. In diesem Stadium ist der Kranke hoch infektiös. Nach 1–5 Tagen sinkt das Fieber ab und steigt nach einem Intervall von etwa einem Tag wieder an (biphasischer Fiebertyp). Zugleich treten Hautefflorescenzen auf.

Charakteristisch und für die Unterscheidung von Varicellen wichtig ist die Tatsache, daß bei Pocken die Entwicklungsstadien

Elementarkörperchen und Einschlußkörperchen

Pathogenese: Cyclischer Verlauf mit zwei Virämien

Klinik: Schwere Prodromalerscheinungen; biphasisches Fieber

Typische Efflorescenzen

von allen Efflorescenzen gleichzeitig durchlaufen werden („die Efflorescenzen marschieren bei Pocken im Gleichschritt und bei Varicellen durcheinander"). Bevorzugt sind die Extremitäten und das Gesicht, während der Stamm weniger befallen ist; auch hier zeigen die Varicellen gegenteiliges Verhalten. Die Efflorescenz entwickelt sich konsekutiv vom roten Flecken *(Macula)* zum Knötchen *(Papula)*, dann zum derbwandigen einkammerigen Bläschen mit klarem Inhalt *(Vesicula)*, dann durch Leukocyteneinwanderung zum Bläschen mit trübem Inhalt *(Pustula)*, dann zum Schorf *(Crusta)* und schließlich nach Abfallen des Schorfes zur Narbe *(Cicatrix)*. Die Bläschen sind linsen- bis kleinfingernagelgroß und zeigen bei Beginn der Trübung häufig eine zentrale Eindellung („Nabel"). Vom Auftreten der ersten katarrhalischen Erscheinungen bis zum Abfallen des Schorfs vergehen 4–6 Wochen.

Prognose
Verlaufsformen

Die Schwere des Krankheitsverlaufs und die Prognose hängen z.T. von der Pusteldichte ab. Relativ günstig (Letalität 5%) verlaufen die Fälle mit einzeln stehenden Pusteln (Variola discreta), während die sog. „Variola confluens" bei eng zusammenstehenden und verschmelzenden Pusteln eine Letalität von 60% hat. Katastrophal verlaufen die Pocken dann, wenn sie von Anbeginn durch eine hämorrhagische Diathese kompliziert werden: Die als „Variola haemorrhagica" verlaufenden „Schwarzen Blattern" zeigen Blutungen in die Pusteln; sie haben eine Letalität von 80%. Die als „Purpura variolosa" oder „Variola fulminans" bezeichnete Form ist durch diffuse Haut- und Schleimhautblutungen gekennzeichnet; sie führt in 100% der Fälle zum Tod innerhalb von wenigen Tagen. – Kinder, Schwangere und Greise neigen besonders zu den bösartigen Verlaufsformen. – Warum die Pocken in einem Fall als „Variola discreta" auftreten und im anderen Fall als „Purpura variolosa" foudroyant verlaufen und zum Tode führen, ist unbekannt.

Variolois:
Durch Teilimmunität abgemilderter Verlauf

Wird der Inhaber einer pockenspezifischen Teil- oder Restimmunität mit einer genügend großen Dosis Pocken-Virus infiziert, so kommt es zu einer abgeschwächt verlaufenden Form der Pockenerkrankung, die im Gegensatz zu der als Variola vera bezeichneten voll ausgebildeten Pockenkrankheit *Variolois* genannt wird. Variolois ist die typische Verlaufsform der Pocken-Infektion bei solchen *Pockengeimpften, deren Impfschutz nicht ausreicht, die Infektion zu verhüten.* Die Initialphase verläuft dabei eher charakteristisch mit Fieber, Kreuzschmerzen und schwerem Krankheitsgefühl. Es kann aber abschließend die Eruption des Exanthems ganz ausbleiben oder sehr abgeschwächt verlaufen.

Die Efflorescenzen bleiben auf verschiedenen Stufen der Entwicklung stehen, und man sieht im Gegensatz zur Variola verschiedene Ausbildungsstufen nebeneinander („bei Variolois kommen die Efflorescenzen aus dem Tritt"). Sehr oft tritt nach der Papelbildung die Abheilung ein (Verwechslung mit Akne), oder die einzeln stehenden Bläschen trüben sich nicht und verschorfen. Die klinische Diagnose ist schwierig. *Der Variolois-Kranke ist hoch infektiös und beherbergt hochpathogenes Pocken-Virus.* Als unerkannte Ansteckungsquelle ist er der Schrecken der Gesundheitsbehörden.

Als Alastrim (oder Variola minor) bezeichnet man im Gegensatz zu den klassischen Pocken (Variola major) eine den Pocken sehr ähnliche, aber milder verlaufende Infektionskrankheit; ihr Erreger gehört zur gleichen Untergruppe wie das Pocken-Virus, ist aber als selbständige Einheit anzusehen.	**Alastrim:** Milder Verlauf bei Ungeimpften wegen pathogenitätsschwachem Erreger

Klinisch verläuft die Krankheit ähnlich wie gutartig verlaufende Pocken. Die Pusteln stehen einzeln auf der Haut und haben keine Delle. Ihre Deckschicht ist dünner und erinnert an das Aussehen der Windpockenpusteln; der Nabel fehlt. Narben bleiben nur andeutungsweise zurück. Die klinische Abgrenzung gegen gutartig verlaufende Pocken (Variola discreta) ist schwierig. Der Alastrim-Kranke ist hoch infektiös. Er erwirbt eine Immunität, welche die echten Pocken mit einschließt. Ist bei zahlreichen ungeimpften Personen der Verlauf leicht, so ist die Annahme, daß es sich um Alastrim handelt, gerechtfertigt.
Im Laboratorium kann man das Alastrim-Virus vom Pocken-Virus durch einige Eigenschaften klar abgrenzen. Das Pocken-Virus tötet z.B. bei relativ geringer Partikelzahl den Hühnerembryo ab, während das Alastrim-Virus dies erst bei massiver Inoculation bewirken kann. Immunologisch ist das Alastrim-Virus vom Pocken-Virus und vom Vaccinia-Virus nicht zu unterscheiden.

Bei klinischem Verdacht auf Pocken ist sofort Material zu entnehmen und nach telefonischer Voranmeldung durch Kurier zur nächsten Untersuchungsstelle (Tropeninstitut Hamburg; Bayerische Landesimpfanstalt München; Landesimpfanstalt Düsseldorf) zu versenden. Als Material wird abgenommen:	**Labordiagnose:** Untersuchungsmaterial

1. *Blut.* Es genügen 3–5 ml Blut in der Venüle. Das Blut dient zur Virusisolierung und zur serologischen Untersuchung.
2. *Rachenspülwasser* (vom 1.–8. Tag).
3. *Pustelmaterial* (vom 4.–20. Tag); man entnimmt aus Pusteln durch Scarifikation Lymphe. Es wird der Pustelinhalt oder das Krustenmaterial auf dem Objektträger angetrocknet bzw. in Capillaren aufgezogen oder in Zentrifugengläser verbracht. Der Objektträgerausstrich wird an der Luft getrocknet und nicht fixiert. Er wird mit einem zweiten Objektträger bedeckt. Zwischen die beiden Glasplättchen klemmt man etwas Karton, damit der Ausstrich den abdeckenden Objektträger nicht be-

rührt. Die beiden Objektträger werden mit Heftpflaster eingerahmt, mit Fettstift beschriftet (Name des Patienten) und dann verpackt.
Als wichtigstes Untersuchungsmaterial gilt der Pustelinhalt.

Nachweismethoden   Folgende Untersuchungen werden zur Sicherung der Diagnose im Laboratorium vorgenommen:
1. *Direkter Virusnachweis mit dem Elektronenmikroskop.* In Betracht kommt Untersuchungsmaterial aus verdächtigen Hautstellen. Es kann hierbei in wenigen Stunden eine Aussage darüber erbracht werden, ob Quaderviren vorhanden sind oder nicht. Eine Unterscheidung zwischen den einzelnen Vertretern der Pocken-Untergruppe kann durch diese Untersuchung nicht erbracht werden.
2. *Viruszüchtung in Bruteiern und in Gewebekulturen.* Das Brutei liefert die zuverlässigsten Resultate; außerdem erlaubt es bei geeigneter Anordnung eine Unterscheidung zwischen Pocken-Virus, Alastrim-Virus und Vaccinia-Virus. In der Zellkultur setzt man gleich zu Beginn einen Versuch mit bekanntem neutralisierenden Pockenserum an. Liefert der Verimpfungsversuch im Brutei und in der Zellkultur pathologische Effekte, so werden histologische, fluorescenzserologische und elektronenmikroskopische Untersuchungen angeschlossen, um das Virus eindeutig als Mitglied der Pocken-Gruppe zu identifizieren. Die Differenzierung zwischen den drei in Betracht kommenden Viren (Variolois, Vaccinia, Alastrim) wird im Infektionsversuch mit Hilfe des embryonierten Hühnereies erbracht. Man bestimmt dabei die für den Embryo tödliche Inoculationsdosis. Diese ist bei Vaccinia-Virus winzig, bei Pocken-Virus größer und bei Alastrim-Virus sehr groß.
3. *Direkter Nachweis von Virus-Antigen durch Immunfluorescenz.* In Betracht kommt Pustelinhalt. Es finden sich bei Verwendung von geeigneten Antiseren typische Fluorescenzeffekte in den Epithelzellen des Pustelinhalts. Sie entsprechen den Einschlußkörperchen bzw. den Elementarkörperchen.
4. *Nachweis von Virus-Antigen durch Komplementbindung und durch Präcipitation.* Verdünnter Pustelinhalt wird mit einem bekannten Antiserum in der Komplementbindungsreaktion und im Agargel-Diffusionsverfahren geprüft. Die Tests werden nur bei massivem Vorkommen von Virusmaterial positiv.
5. *Untersuchung des Patientenserums.* Die serologischen Tests werden nach Ablauf der ersten Krankheitswoche positiv. Man untersucht mit bekanntem Vaccinia-Virus-Antigen die Fähigkeit des Krankenserums zur Hämagglutinationshemmung, zur Neutralisation und zur Komplementbindung. In praxi kann man wegen des technischen Aufwandes auf den Neutralisationstest verzichten. Für die Bewertung ist wichtig, daß bei geimpften Personen komplementbindende Antikörper auftreten, jedoch spätestens ein Jahr nach der Impfung verschwinden, während die hämagglutinationshemmenden Antikörper jahrelang nach der Impfung darstellbar bleiben. Die Untersuchung von zwei Serumproben ist angezeigt. Insgesamt kommt der serologischen Untersuchung des Patientenserums keine überragende Bedeutung für die diagnostische Entscheidung zu.

Wegen der epidemiologischen Konsequenzen versucht man zuerst die *Schnelldiagnose* mit Hilfe des direkten Virusnachweises; hier kommt der *elektronenmikroskopischen Untersuchung* die Hauptrolle zu. Sie ist in wenigen Stunden abgeschlossen. Der Nachweis von Quaderviren genügt in Verbindung mit den klinischen Daten fast stets, um die Verdachtsdiagnose zu bestätigen. Steht nur wenig Material zur Verfügung, so wird neben der elektronenmikroskopischen Untersuchung nur der Eihautversuch angestellt; er erbringt binnen 48 Stunden das erste Resultat. Von den serologischen Methoden gilt der Hämagglutinations-Hemmungstest als der wichtigste.

Das *Virusreservoir* besteht aus den *kranken Menschen;* gesunde Keimträger sind nicht bekannt. Die Infektiosität beginnt mit dem Auftreten des Rachenkatarrhs und hört mit dem Abheilen der verschorften Pusteln auf. Die Übertragung geschieht in der ersten Krankheitsperiode durch Tröpfcheninfektion vom Rachen aus; nach Erscheinen der Pusteln und Krusten ist die Haut des Kranken und dessen Bettwäsche hoch infektiös.

Die Pocken-Viren sind außerordentlich *resistent gegen Austrocknung* und können sowohl durch Staub wie auch durch Tröpfchen über mehrere Meter hinweg übertragen werden. Aerogener Virustransport von einem Stockwerk ins andere ist beobachtet worden. Die aerogene Übertragbarkeit der Windpocken ist allerdings noch größer.

Bei den Epidemien spielen die im Prodromalstadium befindlichen Kranken als Ausgangspunkt für die Tröpfcheninfektion die Hauptrolle. Eine besondere Gefahr stellen aber auch die Variolois-Kranken dar; sie geben im Initialstadium und in der nicht erkannten Exanthemphase voll virulentes Virus an ihre Umwelt ab. Wenn sie – was vielfach geschieht – umhergehen und reisen, ziehen sie hinter sich gewissermaßen einen Kometenschweif von infizierten Personen her.

Durch die Impfung und die sanitäre Allgemeinorganisation ist bei uns z.Zt. nicht damit zu rechnen, daß eingeschleppte Einzelfälle den gefürchteten „Steppenbrand" auslösen: Eingeschleppte Pocken können hinsichtlich ihrer Ausbreitung durch die allgemein-hygienischen Maßnahmen mit überwiegender Wahrscheinlichkeit eingedämmt werden. Leider fehlt z.Zt. noch ein chemotherapeutischer Schutz für Exponierte.

Epidemiologie:
Übertragung und Ausbreitung

Unter Kontaktpersonen 1. Ordnung versteht man alle diejenigen Personen, welche mit dem Pockenkranken vor dessen Isolierung Kontakt hatten. Dabei wird jeweils nach dem klinischen Bild errechnet, von wann ab der Kranke infektiös gewesen sein müßte. Die Kontaktpersonen 1. Ordnung sind ausfindig zu machen; sie sollten sofort isoliert und 18 Tage lang beobachtet werden. Als Kontaktpersonen 2. Ordnung bezeichnet man diejenigen Menschen, welche mit den Kontaktpersonen 1. Ordnung Umgang hat-

Kontaktpersonen
Isolierpflicht

ten. Die Kontaktpersonen 2. Ordnung brauchen nicht isoliert zu werden; sie werden aber registriert und 18 Tage lang beobachtet. Bei diesem System geht man von der Überlegung aus, daß ein Infizierter mindestens 8 Tage braucht, bis er selbst wieder als Ansteckungsquelle in Betracht kommt, und daß dies ohne die klinischen Zeichen der Prodrome unwahrscheinlich ist. Kontaktpersonen 1. Ordnung werden also frühestens nach 8 Tagen selbst infektiös, so daß die Kontaktpersonen 2. Ordnung dann, wenn „ihre" Kontaktperson 1. Ordnung zum Zeitpunkt des Umganges klinisch gesund war, nicht von vornherein als ansteckungsverdächtig zu gelten haben. Im Gegensatz dazu gelten die Kontaktpersonen 1. Ordnung als ansteckungsverdächtig im Sinne des Seuchengesetzes; sie müssen deshalb isoliert werden.

Isolierpflicht besteht somit für

a) Kranke,
b) Krankheitsverdächtige und
c) Ansteckungsverdächtige (Kontaktpersonen 1. Ordnung).

Verhalten bei Verdacht und bei Diagnose

Bei Pocken*verdacht* ist der Betroffene sofort mit einem besonderen Fahrzeug in die Quarantänestation zu bringen. Wird der Verdacht zur *Diagnose*, so müssen der die Diagnose stellende Arzt und alle Kontaktpersonen 1. Ordnung gleichfalls isoliert und beobachtet werden. Die Gesundheitsbehörden verfügen über besondere Isolierstationen, die für Pockenverdachtsfälle reserviert sind; besondere Pockenalarmpläne und entsprechende Übungen sichern ein konsequentes Handeln.

Verdacht und Erwägung

Ein Krankheits*verdacht* ist *nicht* gegeben, wenn lediglich die *Möglichkeit* der Pockenerkrankung in der Differentialdiagnose entfernt erwogen oder in Betracht gezogen wird. Es müssen vielmehr wesentliche Zeichen einschließlich der Anamnese oder unvollständige Laborbefunde auf die Diagnose hinweisen. Die epidemiologische Gesamtsituation muß dabei mitbewertet werden. – Die Isolierung der Ansteckungsverdächtigen kann entsprechend der Lage der Inkubationszeit nach 3 Wochen aufgehoben werden, wenn sie bis dahin gesund bleiben.

Pockenalarm

Kommt ein Arzt zur Diagnose „Pockenverdacht" bzw. zur Diagnose „Pocken", so werden die wichtigsten Maßnahmen sinngemäß wie folgt getroffen:
1. Sofortige Meldung an das Gesundheitsamt (telefonisch).
2. Sofortige Abnahme von Untersuchungsmaterial und Übersendung an das Laboratorium durch Kurier, am besten auf dem Luftweg, nach telefonischer Voranmeldung.
3. Sofortige Isolierung des Verdächtigen bzw. Kranken in der Pockenstation durch Transport mit Spezialwagen. Der behandelnde Arzt ist als Kontaktperson 1. Ordnung zu betrachten und vorsorglich mit zu isolieren. Der einweisende Arzt ist u. U. ebenfalls Kontaktperson 1. Ordnung und sollte gegebenenfalls mit in die Isolierung gehen.

4. Nach Bestätigung der Verdachtsdiagnose durch das Laboratorium sind alle Kontaktpersonen 1. und 2. Ordnung ausfindig zu machen und unverzüglich zu impfen. Die Überlegung, daß in der Inkubationszeit nicht geimpft werden soll, gilt bei Pocken nicht: Bis zum 7. Tag nach der Exposition ist die Impfung wirksam; erfolgt sie später, so verlaufen die Pocken nicht erweisbar schwerer. Die Impfung sollte zugleich mit der Gabe von Vaccinia-spezifischem γ-Globulin und Vaccinia-Antigen erfolgen. Die Beobachtungs- bzw. Isolierungszeit der Kontaktpersonen beträgt 18 Tage.
5. Alle nicht-geimpften Personen im Umkreis des Kranken sind zur Impfung aufzurufen und auf der Basis der Freiwilligkeit zu impfen. Den Kontraindikationen ist in dieser Situation nur in besonderen Fällen Rechnung zu tragen. Die Impfung sollte mit längeren Impfschnitten als gewöhnlich durchgeführt werden, um die Erfolgsrate zu vergrößern.
6. Die Wohnung und die Gegenstände, mit denen der Kranke in Berührung gekommen ist (insbesondere Betten, Wäsche, Kleider) müssen desinfiziert werden. Hierzu findet Formaldehyd Anwendung.

Die Pockenschutzimpfung ist gegen Ende des 18. Jahrhunderts durch Edward Jenner in England begründet worden. Das Jennersche Impfprinzip beruht auf der immunisierenden Wirkung einer künstlichen Vaccinia-Infektion gegenüber dem Pocken-Virus. Dieses Prinzip liegt der Impfung auch heute noch zugrunde. 1874 ist die Schutzimpfung gegen Pocken in unserem Lande als Pflichtimpfung gesetzlich eingeführt worden. Seither ist diese Krankheit nicht nur in unserem Lande, sondern in der ganzen Welt soweit zurückgegangen, daß man dem Ziel der Ausrottung nahezukommen scheint, wenn man von den wenigen noch existierenden Seuchenherden absieht. Die Schutzimpfung gegen Pocken ist eine der wichtigsten Gründe für die rapide ansteigende Bevölkerungszahl in Europa im 19. und 20. Jahrhundert.	Die Schutzimpfung
Als Impfstoff dient eine Suspension von aktivem Vaccinia-Virus mit einer festgelegten Mindestzahl von infektiösen Viria pro Volumeneinheit. Der Impfstoff dieser Herkunft wird „Dermovaccine" genannt. Die Suspension muß frei von pathogenen Mikroorganismen sein; der Impfstoff muß haltbar und wirksam sein.	Der Impfstoff

„Vaccinia" bedeutet ursprünglich „von der Kuh (vacca) kommend"; diese Bezeichnung wurde für solche Stämme des Impfvirus verwendet, welche in der Rinderpassage fortgeführt worden waren. Demgegenüber wurde das vom Kaninchen (französ. lapin) gewonnene Impfvirus als „Lapine" bezeichnet. Heute wird das Wort „Vaccinia" als Bezeichnung für das Impfvirus schlechthin benutzt. Darüber hinaus bedeutet im heutigen Sprachgebrauch das Wort „Vaccine" ganz allgemein „Impfstoff zur aktiven Immunisierung".
Man stellt den Pockenimpfstoff durch diffuse Verimpfung des Vaccinia-Virus auf die rasierte und scarifizierte Bauchhaut des Kalbes her. Die auf der Haut entstehenden Pusteln werden abgekratzt, das Schabsel („Pulpa" genannt) wird in verdünntem Glycerin aufgenommen, homogenisiert und von groben Partikeln befreit. Der Glycerin-Impfstoff

wird in gefrorenem Zustand gehalten. Aufgetaut verliert er relativ schnell an Wirksamkeit.
Besser haltbar ist ein gefriergetrockneter Impfstoff. Er wird aus bebrüteten Hühnereiern gewonnen. Auch dieser Impfstoff soll zumindest bei 0 °C aufbewahrt werden. Er hält auf diese Weise mehrere Jahre.

Impftechnik	Auf die mit Alkohol gesäuberte und getrocknete Haut werden mit dem Impfmesser zwei oberflächliche, nicht-blutende Schnitte von 3 mm Länge im Abstand von 2 cm vorgenommen (Scarifikation). Das Impfmesser wird vor dem Anlegen der Schnitte mit Impfstoff benetzt. Die Erstimpfung wird am rechten Oberarm in der Deltoideusgegend vorgenommen; die zweite Impfung und die folgenden Impfungen werden am linken Arm appliziert. Heute gibt es automatische Impfpistolen, mit denen, besonders bei Massenimpfungen, der Impfstoff in die Haut oder unter die Haut injiziert wird.
Zeitpunkt der Impfung: Bis zum 2. und 12. Lebensjahr	Zwei Impfungen waren bis vor kurzem vom Gesetz vorgeschrieben: Die Erstimpfung mußte innerhalb der beiden ersten Lebensjahre vorgenommen werden; die Zweitimpfung erfolgte im 12. Lebensjahr. Heute ist der Impfzwang aufgehoben; die Impfung ist freiwillig. Das beste Alter für die Erstimpfung liegt bei 18–21 Monaten; der Zeitpunkt sollte nicht in die Sommerhitze gelegt werden.
Impfschutz: Zeitlich begrenzt	Mit dem gesetzlichen Impfgebot war ein Kollektivschutz der Bevölkerung erzielt worden, der auch bei niedrigem Hygienestandard ausreichte, um bei Einschleppung die Weiterverbreitung der Pocken in Grenzen zu halten. Das Impfverfahren bietet jedoch für den einzelnen Impfling *nur für etwa 2 Jahre sicheren Schutz*. Der relative Schutz ist mit 10–15 Jahren zu veranschlagen. Bei Geimpften ist vor jeder Reise in Länder mit endemischen Pockenherden eine Wiederimpfung notwendig, wenn seit der letzten Wiederimpfung mehr als 3 Jahre verstrichen sind. Wird jedoch eine besonders massive Exposition erwartet (Besuch von Pockenstationen), so ist der Impfschutz in jedem Fall aufzufrischen.
Impf-Kontraindikation	Kontraindiziert ist die Impfung bei allen akuten Krankheiten, bei Resistenzminderungen, insbesondere bei cellulären Immundefekten, bei allen Hautkrankheiten, bei Blutkrankheiten und bei Krankheiten des ZNS. Auch Schwangerschaft stellt eine Kontraindikation dar. Desgleichen gilt für alle sog. Risikokinder und für die Kinder aus Familien mit erblicher Disposition zu Allergien, sowie für überalterte Erstimpflinge die Kontraindikation. Aufgrund des Milieus, in dem der Impfling lebt, ergeben sich Kontraindikationen, z. B. bei ansteckenden Krankheiten und

beim Vorhandensein von ungeimpften Personen mit Hautleiden (besonders mit Ekzem) in der Wohngemeinschaft. Die Zurückstellungen sollten vorsichtig, d. h. zugunsten der Kontraindikation gehandhabt werden: Die Impfkomplikationen wiegen, wenn sie eintreten. schwer.

Bei nicht-immunisierten Menschen führt die Erstimpfung in über 90% zu einer leichten Allgemeinerkrankung. Es kommt zu einer Ansiedlung des Vaccinia-Virus mit primärer Virusvermehrung an der Impfstelle und Virämie zwischen dem 3. und 9. Tag. Es kann Fieber auftreten, desgleichen sind Blutbildveränderungen und Milzschwellung nicht selten. Lokal entsteht nach drei Tagen ein roter Fleck, dann in weiteren Schritten von jeweils etwa 24 Std ein Knötchen, ein Bläschen und eine Pustel. Die regionalen Lymphknoten sind vom 5. Tag ab geschwollen und manchmal schmerzhaft. Die Pustel ist nach etwa einer Woche voll entwickelt und geht gegen den 14. Tag in den Schorf über, der dann innerhalb der 3. und spätestens der 4. Woche abfällt und die charakteristische Narbe hinterläßt. Die Erstimpfung führt zu einer humoralen und cellulären Immunisierung. Sie vermittelt, wenn sie beim Kleinkind vorgenommen wird, auch einen Schutz gegen die encephalitogene Wirkung des später verabreichten Vaccinia-Virus. Der Impferfolg wird am 6. Tag, spätestens aber am 8. Tag durch die sog. Nachschau kontrolliert. Als Kriterium des Impferfolges wird bei der Erstimpfung (!) mindestens das Erscheinen von Bläschen gefordert. Erythem und Papel gelten in diesem Falle als zweifelhafte Reaktion. Den vollen Impferfolg bescheinigt man im Sinne der WHO als „major reaction". Die zweifelhafte oder fehlende Reaktion („minor reaction") zeigt eine ungenügende Immunisierung an.

Die Impfreaktion nach Erstimpfung

Die meldepflichtigen Komplikationen der Erstimpfung sind:
1. *Hämatogene Aussaat mit generalisierter Pustelbildung.* Diese Komplikation kommt bei Kindern vor, deren Abwehrsystem geschädigt ist; sie führt in 30% der Fälle zum Tode. Auf 100000 Impfungen kommt ein Fall. Diese Komplikation ist nicht zu kontrollieren.
2. *Das Eczema vaccinatum.* Es entsteht durch eine ausgedehnte Pustelbildung außerhalb der Impfstelle nach Übertragung des Virus durch Schmierinfektion von der Impfpustel auf ekzematös veränderte Haut (Auto-Inoculation). Bakterielle Zusatzinfektionen sind häufig. Die Letalität ist 30%. Diese Komplikation kann durch extensive Handhabung der Zurückstellungsindikation (hoher Anteil von Zurückgestellten) vermieden werden.
3. *Encephalitis postvaccinalis.* Es kommt zu einer Besiedlung

Komplikationen nach der Erstimpfung

des ZNS unter dem Bild einer Meningoencephalitis. ZNS-vorgeschädigte Kinder sind besonders anfällig und deshalb von der Impfung auszuschließen. Die Letalität beträgt 30%. Überleben die Kinder, so sind sie von Defektheilungen bedroht. Die Häufigkeit entspricht etwa einem Fall auf 100000 Impfungen.

4. Die lokale, abseits der Impfstelle erfolgende Pustelbildung durch Auto-Inoculation auf nicht-ekzematöse Haut wird *Vaccinia inoculata* bzw. *translata* genannt. Sie verläuft gutartig.

Überalterte Erstimpflinge

Bei überalterten Erstimpflingen oder bei Personen, die zur Zeit der Erstimpfung älter als 3 Jahre sind, besteht eine erhöhte Encephalitis-Gefahr. Muß man trotzdem impfen, so empfiehlt sich eine Vorimmunisierung mit inaktiviertem Vaccinia-Virus. Diese erzeugt einen schwachen Schutz: Die 14 Tage später erfolgende Lebendimpfung verläuft möglicherweise mit weniger Cerebralkomplikationen. Desgleichen wird empfohlen, dem Impfling mit der Vaccinia-Inoculation gleichzeitig ein Vaccinia-spezifisches menschliches Hyperimmunglobulin zu verabreichen.

Die Wiederholungsimpfung

Die Zweitimpfung ist im 12. Lebensjahr durchzuführen. Als Erfolgskriterium der Zweitimpfung (!) gilt eine deutlich wahrnehmbare lokale Infiltration im Sinne der Papelbildung („major reaction" der WHO). Hyperämie allein (Macula) gilt auch bei der Zweitimpfung als zweifelhafter Impferfolg („minor reaction"). Steht dem Impfling eine massive Exposition bevor, so ist ein Impferfolg nur dann anzunehmen, wenn es zur Pustelbildung kommt. Gegebenenfalls wird bei ausbleibendem Erfolg sofort nachgeimpft. Die Nachimpfung muß mit einer anderen Impfstoffcharge vorgenommen werden. Die Reaktion auf die Zweitimpfung ist fast immer beschleunigt, d.h. die Bläschenbildung erfolgt gegebenenfalls schon am 5. Tag; die gesamte Reaktion ist nach 10 Tagen abgeschlossen. Dieser Verlauf deutet auf eine vorher vorhandene Basisimmunität hin.

Krankheits- und Impfimmunität

Die durch Überstehen der Pocken oder der Alastrim erworbene Immunität dauert in der Regel lebenslang. Sie schwächt sich nur unter besonderen Umständen so ab, daß der Betreffende für Pocken wieder empfindlich wird. Die durch Schutzimpfung erworbene Immunität schützt nur für 2 Jahre und hält als Restimmunität höchstens für 10–12 Jahre vor. Es kommt aber immer wieder vor, daß eine massive Pockenexposition den vollen Impfschutz durchbricht. Deshalb ist bei zu erwartender Exposition das Krankenhauspersonal ungeachtet der Impfanamnese erneut zu impfen.

K. Virushepatitis

Eine ikterische oder anikterische Hepatitis kann bei zahlreichen Infektionskrankheiten auftreten. Typisch ist die Leberbeteiligung für den Morbus Weil, für die connatale Syphilis und für das Gelbfieber; eine Hepatitis kann aber auch bei Herpes-Infektionen, bei Brucellosen, Rickettsiosen und bei der Malaria vorkommen.

Als Virushepatitis wird heute unter Ausschluß der Gelbfieberhepatitis ein Krankheitsbild bezeichnet, bei dem sich aufgrund einer viralen Infektion ein Krankheitsprozeß entwickelt, der sich primär auf die Leber beschränkt und nur sekundär andere Organsysteme in Mitleidenschaft zieht. Der Prozeß ist entzündlicher Natur und wird kurz als Virushepatitis bezeichnet. Korrekter wäre allerdings der Ausdruck „Virushepatitis in engerem Sinne", um den Ausschluß des Gelbfiebers zum Ausdruck zu bringen.

Infektiöse und nichtinfektiöse Leberschädigungen: Stellung der Virushepatitis

Die Virushepatitis ist *weltweit verbreitet.* In unserem Lande gehört sie zu den wichtigsten und häufigsten Infektionskrankheiten: In der Statistik der meldepflichtigen Infektionskrankheiten[19] steht sie an zweiter Stelle hinter dem Scharlach. Auch in der Häufigkeitsstatistik der Virusinfektionen ist ihre Stellung prominent: Sieht man von den Masern und den Viruskrankheiten des Respirationstraktes ab, so erweist sich die infektiöse Hepatitis in unserem Lande als die häufigste Viruskrankheit. Schließlich steht sie in der Statistik der infektiös bedingten Berufskrankheiten nach der Tuberkulose an zweiter Stelle. Die Häufigkeit der Virushepatitis stagniert in den hoch zivilisierten Industriestaaten jetzt. Ihre Auswirkungen auf die Volksgesundheit sind ebenso gravierend, wie die durch sie bedingten wirtschaftlichen Folgen. Zur Zeit stellt die Virushepatitis das wichtigste Seuchenproblem unseres Landes dar.

Bedeutung der Virushepatitis: Seuchenproblem Nr. 1

Nach der Schwere des Krankheitsbildes kann man folgende Verlaufstypen unterscheiden:

1. *Asymptomatischer, inapparenter Verlauf.*
2. *Symptomarmer, anikterischer und flüchtiger Verlauf* mit den Erscheinungen einer akuten Gastritis (Anorexie, Völlegefühl) oder einer Erkältungskrankheit (Fieber, Abgeschlagenheit). Das Wohlbefinden stellt sich innerhalb von 10 Tagen wieder ein.
3. *Der nicht-komplizierte ikterische Verlauf.* Die Krankheit wird von einem präikterischen Prodromalstadium eingeleitet; dieses dauert bis zu drei Wochen und wird durch Appetitlosigkeit, gastrisches

Klinische Verlaufstypen

---

[19] Hierbei sind die Krankheiten, bei denen die Meldepflicht nur für den Todesfall gilt, ausgenommen (Grippe, Keuchhusten, Masern).

Übelbefinden und leichte Schmerzen in der Lebergegend erkennbar. Im Prodromalstadium treten in etwa 50% der Fälle Symptome auf, die an die Serumkrankheit erinnern (Urticaria, Gelenkschmerzen, angioneurotisches Ödem).

Das ikterische Stadium kündigt sich durch dunkle Färbung des Urins, helle Färbung der Faeces sowie durch Gelbfärbung der Skleren und der Haut an; es dauert im allgemeinen 1–4 Wochen. Der Verlauf kann aber auch protrahiert sein; dann besteht der Ikterus länger als 3 Monate. Bei Kindern erfolgt das Abklingen des Ikterus schneller als bei Erwachsenen.

4. *Ikterischer Verlauf mit Frühkomplikationen.* Folgende Weiterungen können während der akuten Erkrankung auftreten:
a) Die intrahepatisch bedingte *Cholostase.* Der hepatische Ikterus geht in einen cholostatischen Ikterus über: Der rötlich-gelbe Bilirubin-Ikterus wird zum grünlich-gelben Biliverdin-Ikterus. Dazu kommt das für die Cholostase typische Hautjucken.
b) Der Übergang in die *akute Leberdystrophie* (etwa 5%). Die Wendung zum fulminanten Verlauf wird durch Bewußtseinsstörungen, die sich zum Coma steigern, signalisiert. Dazu kommen die diagnostisch wichtigen Störungen der Blutgerinnung. Die Prognose ist schlecht.

Spätkomplikationen der Hepatitis

Der weitaus größte Teil der Hepatitis-Fälle heilt folgenlos aus. Bei dem kleineren Teil entstehen aber Dauerschäden in der Leber, die zu einer Cirrhose führen können. Man unterscheidet hier folgende Prozesse:

1. *Direkter Übergang in eine Cirrhose;* diese kann sich innerhalb von Monaten entwickeln.
2. *Übergang in eine chronische Hepatitis.* Diese kann als milder, nicht-aggressiver Prozeß verlaufen (chronisch-persistierende Hepatitis), oder sie tritt als chronisch-aktive Hepatitis (sog. aggressiver Histotyp) in Erscheinung. Die chronisch-persistierende Hepatitis hat eine gute Prognose, während die chronisch-aktive Hepatitis zur Selbstperpetuation neigt und in der Mehrzahl der Fälle zu Lebercirrhose führt.

Pathologie

Die Hepatitis verursacht im akuten Stadium eine durch trübe Schwellung und Blutfülle bedingte Vergrößerung des Organs mit Abstumpfung des normalerweise scharfen Leberrandes. Mikroskopisch sieht man eine Hyperämie der interlobulären Gefäße und eine vorwiegend granulocytäre Zellvermehrung im Glisson-Raum; die Capillarendothelien und die Kupfferschen Sternzellen sind geschwollen und vermehrt. Das Parenchym zeigt typische Degenerationszeichen: Vacuolen, Nekrosen einzelner Zellen, Fettablagerung. Beim foudroyanten, comatösen Verlauf sieht man ausgedehnte Nekrosen mit Verfettung; das Organgewicht ist dann stark verkleinert („akute gelbe Leberatrophie").

Zwei Krankheitsbilder:
Hepatitis A und B

Aufgrund des jeweils typischen Übertragungsmodus und der Inkubationszeit kann man bei der Virushepatitis trotz gleichartiger Symptomatologie zwei Krankheitsbilder unterscheiden. Man spricht von der Hepatitis A und von der Hepatitis B. Eine von diesen beiden Bildern distinkte und auch ätiologisch verschiedenartige Form C (auch Non-A-Non-B genannt) wird vermutet.

Die Hepatitis A wird auch mit der Trivialbezeichnung „Hepatitis infectiosa sive epidemica" (in engerem Sinne) versehen[20]. Ihre Inkubationszeit beträgt 15–40 Tage. Die Übertragung von Mensch zu Mensch erfolgt typischerweise durch orale Aufnahme des im Stuhl ausgeschiedenen Virus (Schmierinfektion; Abwasserinfektion). Das Überstehen der Hepatitis A hinterläßt eine lebenslange Immunität.

Hepatitis A:
Orale Infektion –
kurze Inkubationszeit – lebenslange Immunität

Die Hepatitis B wird auch als „Serumhepatitis", „Transfusionshepatitis", „Fixer-Hepatitis" oder „Hippie-Hepatitis" bezeichnet. Ihre Inkubationszeit beträgt 30–180 Tage. Die Übertragung von Mensch zu Mensch erfolgt etwa zur Hälfte parenteral. Der parenterale Weg spielt also bei der Infektion mit dem B-Virus eine wichtige Rolle (ärztliche Instrumente, vor allem Spritzen, Schnepper, Bluttransfusionen).

Hepatitis B:
Parenterale Infektion – lange Inkubationszeit – unsichere Immunität

Schon aus den geschilderten Eigentümlichkeiten kann man folgern, daß die Hepatitis A und die Hepatitis B durch zwei verschiedenartige Viren erzeugt werden. Dieser Schluß ist durch Laborbefunde gut untermauert worden: Wie sich gezeigt hat, gibt es bei jeder der beiden Hepatitis-Formen eine spezifische, bei der anderen Krankheit nicht feststellbare Immunreaktion.

A und B –
zwei distinkte Viren

Über die Position der Hepatitis-Erreger innerhalb der Virussystematik kann man z. Zt. noch keine Angaben machen, da über ihren Aufbau und ihre Eigenschaften noch zu wenig bekannt ist. Zwar steht es aufgrund von Infektionsversuchen an freiwilligen Testpersonen fest, daß jede der beiden Hepatitis-Formen durch ein ultrafiltrierbares, vermehrungsfähiges Agens von Mensch zu Mensch übertragen werden kann; in diesem Sinne ist die Annahme eines Virus als ätiologisches Agens berechtigt. Der Versuch, das Virus im Versuchstier zu züchten, ist zwar sowohl für den Typ A wie auch für den Typ B geglückt; die Züchtung in vitro ist jedoch noch nicht gelungen. Die Charakterisierung der beiden infektiösen Partikeltypen ist also noch nicht abgeschlossen. Trotz dieser Schwierigkeiten können aufgrund von Infektionsversuchen, von epidemiologischen Rückschlüssen und von serologischen Untersuchungen einige praktisch wichtige Aussagen über die Eigenschaften des Erregers und seine Übertragung gemacht werden.

Die Hepatitis-Viren:
Einordnung schwierig, da Züchtung nicht gelungen

---

[20] Infektiös und epidemisch ist auch die Hepatitis B; der Ausdruck „epidemisch" bzw. „infektiös" ist aber aus historischen Gründen mit der Hepatitis A verbunden geblieben. Korrekter wäre die Bezeichnung „Hepatitis mit kurzer Inkubationszeit".

Das A-Virus: Filtrationsversuche in Verbindung mit Fütterungsexperimenten
Eigenschaften an Freiwilligen haben ergeben, daß dem infektiösen Teilchen des
A-Virus eine Größe von 25 nm zukommt. Das A-Virus ist gegen
Hitze relativ widerstandsfähig; es bleibt nach einer 30 min dauernden Erhitzung auf 56 °C noch infektiös. Das A-Virus zeigt
auch eine bemerkenswerte Resistenz gegenüber Chlor: Zu seiner
Inaktivierung benötigt man höhere Konzentrationen an freiem
Chlor als zur Abtötung von Bakterien. Die in den Wasserwerken
übliche Dosierung reicht zur sicheren Inaktivierung des A-Virus
nicht immer aus. – Neuerdings sind im Stuhl von Hepatitis-A-
Kranken elektronenoptisch Partikel in der Größe zwischen 20 und
40 nm nachgewiesen worden, die mit Rekonvalescentenserum
spezifisch reagieren (Immun-Elektronen-Mikroskopie). Ihre Beziehung zum infektiösen Virion ist noch nicht klar. – Unter
besonderen Umständen ist die Übertragung der Hepatitis A vom
Menschen auf das Seidenäffchen („marmoset") möglich.

Hepatitis A-Virus: Es ist jetzt gelungen, bei der Hepatitis A einen Radioimmun-Test
Nachweis des Virus auszuarbeiten. Er ermöglicht den Nachweis des Virus und der
und der Antikörper Antikörper. Die dazu erforderlichen Viruspartikel müssen aus
durch Radioimmun- dem Stuhl von Infizierten gewonnen werden. Das Immunserum
Test wird von Rekonvalescenten gewonnen.

Epidemiologie der Die früher als „Icterus catarrhalis" bezeichnete Hepatitis A tritt
Hepatitis A: häufig epidemisch auf; sie bevorzugt die Herbstmonate. Ihr
Fäcal-orale und Keimreservoir ist der kranke und der inapparent infizierte
parenterale Über- Mensch. Die Übertragung erfolgt vornehmlich durch die Faeces
tragung des Infizierten; an zweiter Stelle ist das Serum des Kranken zu
nennen. Die fäcale Infektion erfolgt oral, und zwar entweder als
Schmierinfektion oder als Nahrungsmittelinfektion oder aber
über Abwässer. Die Seruminfektion erfolgt meistens durch Bluttransfusion. Die Durchseuchung mit dem Hepatitis A-Virus ist
in den letzten Jahren geringer geworden.
Die fäcale Verbreitung der Hepatitis A gleicht in vielem der
Polio-Übertragung. Bei der Verbreitung der Hepatitis A von
Mensch zu Mensch durch fäcal-orale Schmierinfektion sind
besonders Kinder beteiligt; für sie ist die Erkrankungswahrscheinlichkeit durchweg höher als für Erwachsene. – Eine besondere Rolle bei der Verbreitung der Hepatitis A durch
Schmierinfektion von Mensch zu Mensch spielen die klinisch
inapparenten, hochinfektiösen Fälle; sie erschweren die Isolierungsmaßnahmen, da sie in der Regel unerkannt bleiben.
Neben der Schmierinfektion kann das A-Virus auch durch kontaminierte Lebensmittel übertragen werden. Die Kontamination kann entweder direkt über die Hand des Ausscheiders erfolgen oder über den Weg des Abwassers. Charakteristisch sind

die Epidemien nach Genuß von Schellfisch, Austern und Muscheln; sie entstehen durch Einleitung verseuchter Abwässer ins Meer. Epidemien können schließlich auch durch virushaltiges Trinkwasser zustandekommen. Besonders wichtig ist hier die Tatsache, daß das A-Virus relativ resistent gegen Chlor ist. Von großer Wichtigkeit für die Transfusionspraxis und für die Krankenhaushygiene ist die Tatsache, daß das A-Virus nicht nur im Stuhl, sondern auch im Serum des Kranken erscheint. Es kann durch Serum auf parenteralem Wege von Mensch zu Mensch übertragen werden. Dieser Übertragungsweg ist häufig: Von den sog. Transfusionshepatitiden gehört ein beträchtlicher Teil (zwischen 12% und 74%) zur A-Gruppe.

Die Hepatitis A ist eine meldepflichtige Erkrankung; ihre Prophylaxe beruht auf allgemein-hygienischen Maßnahmen. Das Ziel ist, die fäcal-orale Infektkette zu unterbrechen. Hierher gehören ausreichende (!) Chlorierung des Trink- und des Badewassers, geordnete Abwasserbeseitigung, Isolierung der Kranken, Desinfektion der Ausscheidungen von Kranken, einschließlich der Blutprobenreste. Daneben sollte bei Epidemien vom Genuß roher Seetiere abgeraten werden.

Allgemeine Prophylaxe der Hepatitis A

Gaben von γ-Globulin (Standardpräparat) haben bei der Hepatitis A nachweislich eine protektive Wirkung, sofern das Präparat vor der Infektion verabfolgt wird; der Schutz dauert 3-4 Monate. Wird das γ-Globulin aber während der Inkubationszeit gegeben, so wirkt es nicht mehr zuverlässig. – Das γ-Globulin verhindert wahrscheinlich nicht die Infektion selbst; es verändert aber ihren Ablauf im Sinne der Inapparenz. Die γ-Globulin-Prophylaxe ist für exponierte Schul- und Kindergartenkinder gesetzlich vorgeschrieben. Da die Durchseuchung mit dem Hepatitis A-Virus sinkt, wird der Gehalt des einheimischen γ-Globulins an Antikörpern geringer. Eine aktive Schutzimpfung gegen das Hepatitis A-Virus steht nicht zur Verfügung.

Individualprophylaxe der Hepatitis A: γ-Globulin ist wirksam

Die entscheidenden Aussagen über die Eigenschaften des B-Virus sind, ebenso wie beim A-Virus, durch Infektionsversuche an Freiwilligen möglich geworden. Dabei hat man vor allem den Einfluß chemischer und physikalischer Einwirkungen auf die Infektiosität geprüft. Das B-Virus ist erstaunlich hitzestabil: Es hält eine über 4 Std währende Erhitzung auf 60 °C eben noch aus; durch Kochen wird es innerhalb von Minuten zerstört. Es ist ferner widerstandsfähig gegen Säure (pH 2,0), Äther und gegen β-Propiolacton, also gegen Agentien, welche gegenüber zahlreichen anderen Virusarten inaktivierend wirken. Insgesamt zeigt das B-Virus eine höhere Widerstandsfähigkeit gegen Hitze und chemische Agentien als das A-Virus.

Das B-Virus: Eigenschaften

Im Blut von Kranken findet man während der akuten Phase und z.T. auch nach deren Abklingen ein particuläres Antigen,

Das Hepatitis-B-Antigen

welches mit geeignetem Rekonvalescentenserum spezifisch reagiert, z. B. im Ouchterlony-Test. Es enthält neben Polypeptiden auch Lipoide und einen Kohlenhydratanteil. Die Beziehungen dieses Antigens zum infektiösen B-Virus sind sehr eng: Wahrscheinlich ist es mit der Hülle des infektiösen Virions identisch. Dieses ursprünglich als Australia-Antigen (Au-Ag) bezeichnete Protein wurde später mit dem Terminus „Hepatitis-B-assoziiertes" Antigen versehen. Heute wird es kurz als Hepatitis-B-Antigen (HB-Ag) bezeichnet. Das Antigen kommt nur bei der Hepatitis B vor; es fehlt bei der Hepatitis A.

Antigen-Varianten

Das HB-Ag kommt hinsichtlich seiner Antigenstruktur in mehreren Ausprägungen vor. Das HB-Ag-Partikel enthält verschiedene Teilantigene (a, d, w, r, y), die in mindestens vier Kombinationen vorkommen. Eines dieser Teilantigene (a) kommt bei über 90% der bisher untersuchten Fälle vor und gilt als „Majorsystem". Bei den verschiedenen Ausprägungen des HB-Antigens sollte man aber den Ausdruck „Serotypen" vermeiden, weil dieser Terminus sich auf die erworbene Immunität gegen das infektiöse Agens bezieht. Ob die Immunreaktion gegen das Hepatitis-B-Virus einheitlich ist oder ob sie in typenspezifische Einzelreaktionen zerfällt, weiß man noch nicht.

Enthält das HB-Ag die infektiösen Teilchen?

Im Serum liegt das HB_s-Antigen z. T. in Form von Antigen-Antikörper-Komplexen vor. Man vermutet, daß diese Immunkomplexe für die Entstehung der Periarteriitis nodosa sowie für die Glomerulonephritiden verantwortlich sind, welche als Komplikationen der Hepatitis B gelegentlich beobachtet werden. In gereinigtem Zustand zeigt sich das HB-Ag in Form von drei elektronenoptisch unterscheidbaren Partikeltypen. Davon zeigen zwei eine sphärische Form mit einem Durchmesser von 20 nm bzw. 42 nm; ein drittes Partikel imponiert als Faden mit einer Länge von 230 nm. – Das 42-nm-Partikel (Dane-Partikel) erinnert am ehesten an die Struktur eines Virions: Es hat eine Außenschicht und einen Innenkörper. Nur dieses Partikel ist infektiös. Es enthält eine DNA-Polymerase sowie eine doppelsträngige, cirkuläre DNA. Die Länge der DNA entspricht derjenigen von kleinen DNA-Viren (10^6 Dalton). Wegen des geringen Informationsgehaltes der im Dane-Partikel enthaltenen DNA – diese kann allenfalls den Code für 6–7 Polypeptide enthalten – ist die obligate Mitwirkung eines Helfervirus bei der Reduplikation des B-Virus nicht ausgeschlossen.

Die Entstehung des „HB-Virus", seine Antigene und ihre Bedeutung für die Pathogenese

Soweit sich die intracelluläre Synthese des „HB-Virus" überblicken läßt, ergibt sich folgendes Bild: Im Kern entstehen 22-nm-Partikel (HB_c-Antigen), die nach dem Übertritt ins Cytoplasma von einer Hülle (HB_s-Antigen) umgeben werden, so daß die sogenannten Dane-Partikel entstehen. Fluorescenzserologisch läßt sich ein „core"-Antigen im Kern (HB_c) und ein Oberflächen(„surface")-Antigen (HB_s) im Cytoplasma von Leberzellen nachweisen. Ein weiteres Antigen (HB_e) ist kürzlich entdeckt worden.
Die genannten Formen bzw. Antigene des HB-Virus sowie die DNA-Polymerase treten in einem für die verschiedenen Verlaufsformen der Virus-Wirts-Beziehung charakteristischen Muster auf. Das HB_e-Antigen wird vorwiegend bei chronischen Verlaufsformen beobachtet.

Der Nachweis der HB-Antigene ist nach heutiger Kenntnis ein absolut sicheres Zeichen für eine stattgehabte Infektion des Trägers mit Hepatitis-B-Virus; offen bleibt dabei, ob sich der Untersuchte in der Inkubationsperiode befindet, ob er eine inapparente Infektion durchmacht oder ob er als gesunder Dauerausscheider anzusehen ist. Dies muß durch zusätzliche Untersuchungen, Differenzierung der HB-Antigene, durch Transaminase-Tests und Biopsie geklärt werden.

Nach einer Infektion mit dem HB-Virus tritt im Serum das HB_s-Antigen schon sehr früh auf; es erscheint kurz vor der Transaminase-Erhöhung in der zweiten Hälfte der Inkubationszeit. Auch die DNA-Polymerase und das HB_c-Antigen sind bereits vor der Erkrankung nachweisbar; sie verschwinden aber bald. Das HB_s-Antigen erreicht seinen Maximaltiter mit dem Beginn der klinischen Erkrankung; dabei kann nach elektronenoptischen Zählungen das Serum bis zu 10^{12} Partikel/ml enthalten. Bei den meisten Patienten fällt das Serumantigen innerhalb von 3–4 Wochen nach dem Beginn der klinisch manifesten Erkrankung kritisch ab. Das HB_s-Ag wird dann durch Anti-HB_s-Antikörper eliminiert. Bei anderen Patienten entwickelt sich im Anschluß an die Krankheit ein Virusträger-Status, der bis zu 20 Jahren andauern kann.

Der Antigennachweis: Diagnostische und epidemiologische Bewertung

Die Beziehung zwischen dem Gehalt an HB_s-Antigen und der Infektiosität des Serums ist jetzt bekannt. Man weiß, daß auf der Höhe der klinischen Erkrankung und bei stark Antigen-positivem Serum eine Übertragung der Krankheit von Mensch zu Mensch noch mit einer Serumverdünnung von 10^{-6} möglich ist. Für praktische Zwecke sollte man davon ausgehen, daß ein Antigen-positives Serum stets infektiöses Virusmaterial enthält. Als bester Indikator für die Infektiosität einer Serumprobe gilt der Nachweis der Dane-Partikel oder der DNA-Polymerase-Aktivität.

Antigenhaltige Seren sind hochinfektiös

Die Auseinandersetzung mit dem Virus kann zusammenfassend zu folgenden Endzuständen führen:
1. *Nach klinisch manifester Hepatitis.*
   Wenn der Kranke überlebt, resultiert hieraus entweder
   a) der völlig Gesundete ohne Virusträgertum
   oder
   b) der völlig gesunde Virusträger
   oder
   c) der an chronischer Hepatitis erkrankte Virusträger[21].

Schicksal des Virus nach dem Ablauf der akuten Infektion

---

[21] Eine durch B-Virus in Gang gesetzte chronische Hepatitis ohne gleichzeitiges Virusträgertum ist sehr selten.

2. *Nach inapparenter Infektion.*
   Hieraus resultiert entweder
   a) das virusfreie Normalindividuum
   oder
   b) der klinisch normale Virusträger.

Nachweismethoden für das HB_S-Antigen

Zum Nachweis des HB_S-Antigens standen früher nur die relativ unempfindlichen Verfahren der Ouchterlony-Präcipitation, der Überwanderungselektrophorese und der Komplementbindung zur Verfügung. Heute steht der Radioimmuntest als hochempfindliche Methode in relativ einfacher Ausführungstechnik an vorderster Stelle. Als Untersuchungsmaterial wird Serum des Verdächtigen eingesetzt. Das als Nachweisreagens dienende Anti-HB_S-Immunserum entnimmt man geeigneten Spendern; geeignet sind solche Rekonvalescenten, bei denen das HB_S-Antigen nach Abklingen der akuten Phase aus dem Serum verschwindet, während die Antikörper auftauchen und zu hohen Titern ansteigen.

In besonderen Fällen kann man das HB_S-Antigen des Serums nach vorheriger Reinigung auch im Elektronenmikroskop nachweisen, da Form und Größe der Partikel sehr charakteristisch sind. – In der Leber wird das HB_S-Antigen mit der fluorescenzserologischen Methode nachgewiesen. Man verwendet dazu im Sinne der Sandwich-Technik ein menschliches Immunserum und ein fluoresceinmarkiertes Coombs-Serum. Der Nachweis ist auch in Biopsiematerial möglich.

Nachweis von Antikörpern gegen das HB_S-Antigen

Zum Nachweis der Antikörper im Patientenserum verwendet man heute nur noch zwei Methoden, nämlich die passive Hämagglutination und den Radioimmuntest. Für die Hämagglutination verwendet man als bekanntes Antigenpräparat einen Erythrocyten-HB_S-Antigen-Komplex. Für den Radioimmuntest braucht man ein Referenzserum sowie ein Präparat aus gereinigtem und mit Radiojod markiertem Antigen. Dem Antikörpernachweis kommt im Vergleich zum Antigennachweis nur sekundäre Bedeutung zu; dies gilt für die Diagnose und auch für die Beurteilung einer etwaigen Infektionsquelle, nicht aber für pathophysiologische Beurteilungen.

Immunität bei der Hepatitis B

Wie bei der Hepatitis A entwickelt sich nach Überstehen der Hepatitis B eine klar erkennbare Immunität gegen das infektiöse Virus. Die Immunität wird durch das HB_s-Antigen ausgelöst. Das HB_c-Antigen regt zwar zur Bildung von spezifischen Antikörpern an, wirkt aber nicht immunisierend.
Bei bereits Exponierten hat γ-Globulin keine nachweisbare Schutzwirkung. Seren mit einem sehr hohen Gehalt an HB_s-Antikörpern haben sich kürzlich unter genau kontrollierten Bedingungen als wirksam erwiesen, wenn sie *vor der Exposition* angewendet wurden.

Die „Vaccinierung" von Freiwilligen mit gereinigtem HB_s-Antigen von HB_s-Ag-Trägern hat eine deutliche Schutzwirkung ergeben. Möglicherweise eröffnet sich hier ein Weg für eine aktive Schutzimpfung. Ein auf diesem Prinzip fußender Impfstoff wird erprobt.

Epidemiologie der Hepatitis B

Die Hepatitis B ist eine endemische Erkrankung ohne saisonalen Häufigkeitsgipfel. Ihre Übertragung kann nur von Mensch zu Mensch erfolgen. Träger der Infektiosität ist das Blutserum einschließlich des Menstrualblutes, daneben wohl auch Lymphe und wahrscheinlich auch die Schleimhautausscheidungen. Auch in Stuhl und im Urin ist das HB_s-Antigen nachgewiesen worden.

Unter der erwachsenen, klinisch gesunden Bevölkerung unseres Landes beträgt der Anteil der seropositiven Personen etwa 0,5%. Bei Rauschgiftsüchtigen beträgt die Rate bis zu 40%. In den weniger zivilisierten Ländern der tropischen Zone ist der Anteil der seropositiven Personen wesentlich höher: Er beträgt dort bis zu 60%. Unter den Blutspendern muß man mit einem Anteil von etwa 1% seropositiver Personen rechnen.

Hinsichtlich des Übertragungsmodus *herrscht der parenterale Weg vor*, obwohl auch orale Infektionen bedeutsam sind. Folgende Möglichkeiten sind für die Praxis wichtig:
1. Bluttransfusion.
2. Infusion von Blutplasma und Plasmaprodukten. Hiervon ausgenommen sind die durch Alkoholfällung gewonnenen γ-Globulin-Präparate, die stets virusfrei sind.
3. Infektionen durch schlecht sterilisierte Spritzen (vor allem bei Rauschgiftsüchtigen), durch Schnepper und andere ärztliche Instrumente. Hierher gehören u. U. auch Tätowierungsnadeln, Rasiergeräte, Zahnbürsten u.a.
4. Hämodialyse und Anschluß an Herz-Lungen-Maschinen.
5. Die orale Aufnahme von Serum, z.B. beim Pipettieren als Laborinfektion.
6. Der Geschlechtsverkehr.
7. Übertragung durch virushaltigen Speichel, z.B. auf Zahnärzte.

Infektionsgefährdete Gruppen

Neben den Empfängern von multiplen Bluttransfusionen (Leukämiekranke, Herzoperierte) und den Hämodialysepatienten sind besonders Ärzte, Krankenschwestern, Pfleger und medizinische Laborkräfte gefährdet. Besonders auf Nierenstationen mit Dialysebetrieb ist die Gefahr gleich groß für Patienten und Personal. Daneben sind Rauschgiftsüchtige[22] und Pfleglinge auf Stationen für mongoloide Kinder mit einem hohem Risiko behaftet. Die orale Infektion herrscht offenbar auch bei einigen Bevölkerungsgruppen vor, die in bestimmten Gegenden der Tropen leben. Patienten mit Immundefekten und immunsuppressiv behandelte Kranke sind besonders exponiert und neigen zum Virus-Dauerträgertum.

---

[22] Bei Rauschgiftsüchtigen ist allerdings das Hepatitis-A-Risiko gleich hoch.

Prophylaxe bei der Transfusion

Zur Prophylaxe der Transfusionshepatitis werden diejenigen Spendewilligen von der Blutentnahme ausgeschlossen, welche eines oder mehrere der folgenden Merkmale zeigen:
1. Erhöhte Transaminase-Werte im Serum.
2. Nachweisbares HB_s-Antigen im Serum.

Trotzdem bleiben die Erfolge der Transfusionshygiene unbefriedigend: Nur die Hälfte aller infektiösen Konserven wird nach den genannten Kriterien eliminiert. Die Ursache ist darin zu suchen, daß das Hepatitis-A-Virus und möglicherweise ein Hepatitis-C-Virus diese Fälle hervorrufen. Angesichts dieser Situation muß eine besonders strenge Indikationsstellung für die Transfusion verlangt werden. Alle Blutempfänger sollten spätestens 6 Monate nach der Transfusion auf HB_s-Antigen und auf Transaminase-Aktivität untersucht werden.

Allgemeine Prophylaxe der Hepatitis B

Die Hepatitis B ist eine meldepflichtige Erkrankung. Ihre Kontrolle kann durch prophylaktische Maßnahmen im Blutspendewesen allein nicht gewährleistet werden. Hier kommt den rigoros durchgeführten Maßnahmen der *Krankenhaushygiene* eine besondere Bedeutung zu. Für die ärztlichen Verrichtungen sollten in zunehmendem Maße *Einweggeräte* benutzt werden. Ist dies nicht möglich, so ist die Sterilisation im Heißluftgerät (180 °C, 60 min) oder im Autoklaven (121 °C, 20 min) zu fordern. Von den chemischen Desinfektionsmitteln wirkt Natriumhypochlorit (Eau de Javelle) am sichersten. – Besondere Aufmerksamkeit muß der Hautrasur als möglichem Infektionsweg zugewendet werden. Für das medizinische Personal muß striktes Rauch- und Eßverbot in den Laborräumen verhängt werden. Serum sollte nur noch mit Gummiballons oder Automaten, aber nicht mit dem Mund pipettiert werden. HB-Antigen-positive Personen sind in chirurgischen Abteilungen ein Infektionsrisiko für die Patienten und für das Personal. Die Infektionswege für das B-Virus sind noch nicht alle bekannt.

L. Viren mit geringer klinischer Bedeutung und Krankheiten mit unklarer Ätiologie

Corona-Viren

Corona-Viren sind RNA-haltige Viren, die bei Tieren und beim Menschen Krankheiten hervorrufen. – Morphologisch sind sie durch sehr lange, an den Enden aufgetriebene Spikes gekennzeichnet, die die Hülle wie eine „Corona" umgeben. Die Größe der Corona-Viren variiert von 100–150 nm. Die Struktur des im

Inneren befindlichen Capsids ist noch nicht genau untersucht. Die Viren sind Äther-empfindlich.

Corona-Viren erzeugen bei Kindern Erkrankungen des Respirationstraktes: Bronchiolitis und Pneumonie. 5–10% aller Personen mit Symptomen des „banalen Schnupfens" bilden Antikörper gegen Corona-Viren. Die Bedeutung dieser Viren für die Erkrankungen ist noch unklar. Die Ansteckung des Menschen erfolgt durch Tröpfcheninfektion.

Erkrankungen des Menschen

Corona-Viren sind vor allem als Erreger verschiedener Formen von Hepatitis bei Mäusen bekannt geworden. Sie besitzen hier als Modellvirus eine große Bedeutung. Bei Hühnern erzeugen sie eine infektiöse Bronchitis.

Krankheiten beim Tier

Corona-Viren wurden erstmals in „Organkulturen" von embryonaler Trachea isoliert. Als Organkultur wird hier das Explantat von kleinen Trachea-Stückchen verwendet. Als „cytopathischer Effekt" wurde das Sistieren der Bewegung der Cilien der Epithelzellen beobachtet. Selten beobachtet man typische Zellzerstörungen.

Züchtung

Antikörper gegen Corona-Viren lassen sich im Neutralisationstest und in der KBR nachweisen.

Serologie

Als „Slow Virus Diseases" (SVD) werden Viruserkrankungen verschiedener Ätiologie zusammengefaßt, die sich durch eine sehr lange Inkubationsperiode und einen überaus langsamen Verlauf des Krankheitsprozesses von anderen Viruskrankheiten unterscheiden. Für einige von ihnen erwägt man als Ursache Viroide (s. S. 3).

„Slow Virus Diseases"

Zu den SVD zählt man eine Reihe von Erkrankungen bei Tieren: Die als Visna und Maëdi bezeichneten Krankheiten der Schafe, die Nerz-Encephalopathie, die Scrapie der Schafe, die Plasmocytose der Nerze, die infektöse Anämie der Pferde u. v. a.

Beim Menschen handelt es sich vorwiegend um chronische Erkrankungen des ZNS wie Kuru, das Reye-Syndrom, die Subakute Myelo-Optico-Neuropathie (SMON), die Jacob-Creutzfeld-Krankheit, die subakute-sklerosierende Panencephalitis (SSPE) und die progressive multifocale Leukoencephalopathie (PML). Möglicherweise sind weitere chronische Erkrankungen des ZNS, z. B. die Multiple Sklerose zu den SVD zu rechnen.

Kuru wurde bei Eingeborenen auf Neuguinea beobachtet. Überträgt man Extrakte aus dem ZNS von Verstorbenen auf Schimpansen, so tritt nach 2–3jähriger Inkubationsperiode ein Krankheitsbild auf, das mit Abmagerung beginnt. Es treten dann cerebrale Störungen, wie Ataxie und Tremor sowie Verhaltensanomalien hinzu, an denen die befallenen Affen zugrunde gehen. Man nimmt an, daß die Übertragung

Kuru

bei Menschen durch Kannibalismus erfolgt. Das Agens ist ultrafiltrierbar. Kuru des Menschen läßt sich mit der Scrapie der Schafe vergleichen. Pathologisch-anatomisch wird vor allem eine Degeneration der Neuronen, eine Astrocytenproliferation und cytoplasmatische Vacuolisierung beobachtet. Entmarkungen sind als sekundär zu betrachten.

Reye-Syndrom

Klinisch ist eine Encephalopathie mit Hepatitis vorhanden. Die Krankheit befällt vorwiegend Klein- und Schulkinder und geht mit hoher Mortalität einher. Sie wird im Verlauf von Influenza-B-Infektionen beobachtet. Die cerebralen Symptome treten längere Zeit nach dem Abklingen der grippalen Krankheitssymptome auf.

Subakute Myelo-Optico-Neuropathie

Es handelt sich um entzündlich-degenerative Erscheinungen am Sehnerv. Die Krankheit kommt in unseren Breiten vor und kann zur Erblindung führen. Kürzlich wurde aus dem Liquor von Kranken ein Herpes-Virus isoliert. Es soll sich um eine Variante des Geflügel-Bronchopneumonie-Virus handeln. Genaueres ist noch nicht bekannt.

Jacob-Creutzfeld-Krankheit

Das klinische Bild verläuft chronisch. Es manifestiert sich durch präsenile Demenz mit Zeichen von Läsionen des Rückenmarks. Pathologisch-anatomisch werden Vacuolisierungen des Cytoplasmas von Gliazellen sowie Entmarkungen beobachtet. Aus dem Gehirn von Verstorbenen ließ sich auf Schimpansen ein Agens übertragen, das dort nach mehr als einjähriger Inkubationsperiode ein klinisch und pathologisch-anatomisch sehr ähnliches Krankheitsbild erzeugte.

Progressive multifocale Leukoencephalopathie

Es handelt sich um eine seltene Erkrankung des Nervensystems. Sie wird nach Immunsuppression oder bei Patienten mit gestörter Immun-Reaktivität beobachtet. Bei den Patienten und ihren Familienangehörigen wurden Antikörper festgestellt, die auf eine Infektion mit einem SV 40-ähnlichen Virus hindeuten. Darüber hinaus hat sich gezeigt, daß Antikörper in der Bevölkerung weit verbreitet sind. Es wurden mehrere solcher Viren isoliert, die serologisch offenbar einheitlich sind; es bestehen aber keine Kreuzreaktionen zum SV 40- und zum Polyoma-Virus.

Subakute-sklerosierende Panencephalitis

Die SSPE tritt mit schleichendem Beginn etwa 1/2–1 Jahr nach einer Masernerkrankung auf. Durch Co-Kultivierung wurde aus dem ZNS ein Masern-ähnliches Virus isoliert. Ob es sich hierbei um eine neurotrope Variante handelt, ist noch nicht bekannt. Die erkrankten Kinder fallen zuerst dadurch auf, daß sie sich nicht recht entwickeln und leistungsunfähig werden, bis dann neurologische Symptome auftreten. Serologisch läßt sich als auffallendes Merkmal ein ungewöhnlich hoher Titer an Kb-Antikörpern feststellen, den man als pathognomonisch bezeichnen kann. Nach mehrmonatigem Verlauf führt die Krankheit zum Tode.

Multiple Sklerose

Die Ätiologie der Multiplen Sklerose ist noch unklar. Man vermutet als Ursache zwei Viren, die eine Autoimmunkrankheit auslösen sollen. Die bisher vorliegenden epidemiologischen Erhebungen ergaben ein epidemiologisches Verhalten wie bei der Polio. Die Prävalenz steigt mit der geographischen Breite nord- und südwärts und dem Lebensstandard. Man vermutet ein Masern-ähnliches Virus und ein Agens, das die Zahl der segmentierten Leukocyten in Versuchstieren reduziert. Kranke haben Antikörper gegen dieses Agens. Bei Trägern gewisser Histokompatibilitäts-Antigene tritt die M.S. gehäuft auf.

Anhang: Übersichtstabellen

Systematik der Viren

Nucleinsäuretyp	Partikelform	Nucleocapsid	Hülle	Virusgruppe bzw. Prototyp
	fadenförmig	fadenförmig	–	TMV
		fadenförmig (verknäuelt)	+	Myxo
		kugelig	–	Picorna
RNA-Einzelstrang	kugelig	kugelig	+	Arbo, Toga
		–	+	Arena
		fadenförmig (helicoidal) in schalenförmigem Zweitcapsid	+	C-Partikel
	zylindrisch	fadenförmig (helicoidal)	+	Rhabdo
RNA-Doppelstrang	kugelig	kugelig (Doppelcapsid)	–	Reo, Rota
Einzelstrang-DNA	fadenförmig	fadenförmig	–	fd-Phage
	kugelig	kugelig	–	Phage Φx174, Parvo
	kugelig	kugelig	–	Adeno, Papova
	kugelig	kugelig	+	Herpes, Hepatitis B (?)
Doppelstrang-DNA	quaderförmig	Capsid (?)	+ (Doppelhülle)	Pocken
	mit Kopf- und Schwanzteil	kugelig (Kopfteil)	–	T-Phagen

Antigenaufbau wichtiger Viren

Immunologisch einheitlich	Immunologische Typenvielfalt		Antigenwandel
Masern	Herpesvirus hominis	2 Typen	Influenza A
Röteln			Influenza B (gering)
Lymphocytäre Choriomeningitis	Polio	3 Typen	Maul- und Klauenseuche
Rabies	Coxsackie A	24 Typen	
Pocken	Coxsackie B	6 Typen	
„respiratory syncytial" (RS)-Virus	ECHO	37 Typen	
Mumps	Rhino	90 Typen	
Varicellen-Zoster-Virus	Adeno	30 Typen	
	Parainfluenza	4 Typen	
Cytomegalie-Virus	Reo	3 Typen	

Die Übertragung von Viren auf den Menschen

Parenteral	Schmutz- und Schmierinfektion (fäcal-oral)	Kontaktinfektion (Küsse, Händedruck, Passieren des Geburtskanals)	Tröpfcheninfektion	Insekten	Geschlechtsverkehr	Staub
Hepatitis A	Polio	Herpes-Viren	Myxo-Viren		Herpes-Virus	Pocken
Hepatitis B	Coxsackie	Cytomegalie	Varicellen		Hepatitis B (?)	Bedsonien
Cytomegalie	ECHO	Epstein-Barr-Virus	Polio	Gelbfieber Zeckenencephalitis	Lymphogranuloma inguinale	Rickettsien
Epstein-Barr-Virus	Reo Adeno Hepatitis A Hepatitis B	Myxo-Viren Pocken	Coxsackie ECHO Rhino Adeno Pocken Röteln			Hepatitis B (?)

Lebendimpfungen während der Gravidität

Röteln: *Absolut kontraindiziert.*
              Bei Exposition und Fehlen von Antikörpern:
              Passive Immunisierung
Poliomyelitis: Bei Reisen in Infektionsgebiete ist die Impfung indiziert.
              Keine Kontraindikation
Masern: Keine Impfindikation.
              Bei Exposition: Immunglobuline
Mumps: *Impfung kontraindiziert*
Gelbfieber: Bei Reisen in Infektionsgebiete nach dem 1. Trimenon
Pocken: *Absolut kontraindiziert*

Infektionskrankheiten der Neugeborenen
1. Embryopathie durch Cytomegalie
2. Embryopathie durch Röteln
3. Embryopathie durch Lymphocytäre Choriomeningitis (selten)
4. Generalisierte Herpes-Erkrankung (Herpes Sepsis)
5. Säuglings-Myokarditis (Coxsackie-Viren)
6. Toxoplasmose
7. Pneumocystis carinii (Plasmacelluläre Pneumonia)
8. Lues connatalis

Lymphknotenschwellungen
Röteln
Cytomegalie-Virus
Adeno-Virus
Toxoplasmose
Infektiöse Mononucleose

Gastroenteritis
(80% sind nicht bakteriell)
Rota-Viren (50%)
ECHO-Viren (?)
Coxsackie-Viren (?)
Reo-Viren (?)

Erythematöse Exantheme ohne Bläschen bei Viruskrankheiten
Masern
Röteln
Coxsackie
ECHO
Infektiöse Mononucleose
Cytomegalie
Ringelröteln (Virus?)
Exanthema subitum (Virus?)

Viruskrankheiten mit Bläschenbildung
Pocken
Herpes simplex
Varicellen-Zoster
Coxsackie-Herpangina
Hand-foot-and-mouth-disease (Coxsackie)
Maul- und Klauenseuche (beim Menschen extrem selten)

Ätiologie der Virus-Meningitis
Mumps-Viren (bei Kindern) ⎫
Coxsackie-Viren   ⎬ häufig
ECHO-Viren   ⎪
Polio-Viren   ⎭

Adeno-Viren   ⎫
Lymphocytäre Choriomeningitis ⎬ selten
Herpes (oftmals mit Encephalitis) ⎭

Ätiologie der Virus-Encephalitis
(außer Tollwut und Vaccinia)
Herpes-Viren
Masern-Viren
Influenza-Viren
Mumps-Virus
Varicellen-Virus
Arbo-Viren
ECHO-Virus 71

Ätiologie der Keratoconjunctivitis
Keratoconjunctivitis: Herpes-Viren
Keratoconjunctivitis epidemica:
Adeno-Virus, Typ 8, 19
Conjunctivitis: Adeno-Virus, Typ 3,7 (1, 2, 5, 6)
ECHO-Conjunctivitis, Typ 70 (hämorrhagisch)
Conjunctivitis bei Masern und Röteln
Keratitis und Conjunctivitis bei Zoster
Keratitis bei Pockenschutzimpfung (z.B. beim Eczema vaccinatum)
Schwimmbad-Conjunctivitis (Bedsonien)
Trachom

Myocarditis und Pericarditis
Coxsackie B-Viren
Coxsackie A-Viren
ECHO-Viren
(Poliomyelitis)
Influenza
Infektiöse Mononucleose
Cytomegalie-Virus

Neuritis, Polyneuritis
Influenza
Coxsackie-Viren
ECHO-Viren
infekt. Mononucleose
Cytomegalie
Varicellen-Zoster

Erkrankungen der Atemwege und ihre Erreger

Erreger						Klinisches Syndrom
Influenza A | B | C			Adeno	Coxsackie-ECHO		Grippe und grippeähnliche akut-febrile Infekte
Streptococcus haemolyticus		Adeno	Influenza A B		Coxsackie ECHO Rhino	febrile Pharyngitis und Tonsillitis
Rhino (u. ECHO)	Parainfluenza	RS	Coxsackie ECHO	Influenza	Adeno	unbekannt	Schnupfen (banale „Erkältung")
Parainfluenza 1, 2, 3, 4				ECHO	Infl. A	obstruierende Laryngo-Tracheitis (Pseudo-Croup der Kleinkinder)
Rhino (u. ECHO)	RS	Parainfl.		Mycoplasma	Infl.	akute Bronchitis (Kinder)
„respiratory syncytial" (RS)		Parainfl.		Infl. A B	Mycoplasma	akute Bronchiolitis (Kinder < 2 Jahre)
Mycoplasma pneumoniae		Adeno	Psittakose		Rickettsia burneti	atypische Pneumonie
sekundär-bakteriell		Mycoplasma	Infl. A B	Adeno	Parainfl.	Pneumonie (bei Virusinfekt)

Auftreten von klinisch manifester Hepatitis im Verlauf von Virus-Erkrankungen

Stets vorhanden: Gelbfieber
(klinisches Hauptsymptom)   Hepatitis A
        Hepatitis B
        Hepatitis C (Non A, Non B)
Häufig: Infektiöse Mononukleose
Selten: Cytomegalie
        Herpes hominis
Sehr selten: Congenitale Röteln
        Coxsackie
        Mumps

Richtwerte für die Durchseuchung bei 20jährigen Personen

	Durchseuchung in %	Anteil apparenter Verläufe in %	Inkubationsperiode
Pocken (Variola vera):	0	100	12–14 Tage
Rabies[a]:	sehr seltene Infektionen	100	10–100 Tage
Lymphocytäre Choriomeningitis:	sehr seltene Infektionen	häufig inapparent	2–21 Tage
Cytomegalie[bc]:	30–80	gering	sehr variabel
„ bei Graviden:	50–70	gering	
Epstein-Barr-Virus[b]:	90	überwiegend inapparent	2–8 Wochen
Herpes simplex Virus I[bc]:	30–100	1	3–5 Tage
Herpes simplex Virus II[bc]:	3–100	1	
Mumps:	etwa 80	etwa 50	2–3 Wochen
Influenza A:	Durchseuchung gegen Ende einer Subtypen-Periode hoch	40–60	2–4 Tage
Hepatitis A[b]:	vor allem Kinder und Jugendliche befallen	vorläufig unbekannt	2–6 Wochen
Hepatitis B[b]:	Vor allem Jugendliche u. Erwachsene betroffen 30–50	gering (dosisabhängig)	1–6 Monate
Röteln:	80	50	2–3 Wochen
Varicellen:	95–100	100	2 (–3) Wochen
Masern:	100	100	10–12 Tage
Adeno-Virus	hoch	50%	5–7 Tage
Reo-Virus	hoch	–	–
Rota-Virus[d]	100%	hoch	2 Tage

[a] Durchseuchung bei Tieren (Füchsen) ist hoch.
[b] Sehr abhängig von den Lebensbedingungen.
[c] Durchseuchung mit der KBR getestet.
[d] Im 5. Lebensjahr.

Diagnostik der Viruserkrankungen

Virus	Isolierung des Virus aus:	Züchtung des Virus auf:	Methoden zum AK-Nachweis**	Direktnachweis
Entero-Viren*	Stuhl, Urin, Liquor	Zellkultur (Coxsackie: Babymaus)	NT (KBR)	
Rhino-Viren	RSW	Zellkultur (32 °C)	NT, KBR	
Reo-Viren*	Stuhl, Urin	Zellkultur	HHT, KBR	
Influenza, Parainfluenza	RSW	Bebr. Hühnerei Zellkultur	KBR, HHT	
Masern	RSW	Zellkultur	KBR, HHT	mehrkernige Riesenzellen im Mundsekret
Röteln	RSW	Zellkultur	KBR, HHT IgM-Best.	
Lymphocytäre Choriomeningitis	Liquor	Maus	KBR, NT	
Tollwut*	Liquor, Gewebe	Maus	—	Negri-Körperchen im Zentralnervensystem und Conjunctiva-Tupfpräparat durch IF
Adeno-Viren*	RSW, ASW, Liquor, Stuhl	Zellkultur	KBR, HHT (KBR auch im Liquor)	
Herpesvirus hominis	Liquor, Gewebe, ASW, Bläschenmaterial	Zellkultur	KBR (auch im Liquor)	Direktnachweis der Viren im Bläschenmaterial (EM)
Varicellen-Zoster	Liquor, Gewebe, Bläschenmaterial	Zellkultur	KBR (auch im Liquor)	s. Herpesvirus
Cytomegalie	Speichel, Urin, Gewebe	Zellkultur	KBR IgM-Best.	Einschlußkörperchen in cytomegalen Zellen (Urin, Speichel)

Diagnostik der Viruserkrankungen (Forts.)

Virus	Isolierung des Virus aus:	Züchtung des Virus auf:	Methoden zum AK-Nachweis**	Direktnachweis
Variola vera* Impfpocken*	Bläschenmaterial	Bebr. Ei Kaninchen Zellkultur	HHT, NT	Direktnachweis im Bläschenmaterial (EM)
Infektiöse Mononucleose	Blutzellen	Blutzellen Burkitt-Zellen	Paul-Bunnell-Test Henle-Test	
Hepatitis A	Stuhl	—	RIA	IEM
Hepatitis B*	Blutserum	—	KBR, RIA Ind. Hämaggl. Überwanderungs-E.	Direktnachweis im EM
Bedsonien Ornithose/ Psittakose Lymphogr. inguinale	Sputum Lymphknoten	Bebr. Ei	KBR	
Rota-Viren	Stuhl	—	KBR IF	IEM

* Nur bei diesen Viren ist Isolierung trotz Postversand möglich
** **Untersuchung eines Serumpaars in einem Ansatz. Seren aufbewahren!**

KBR = Komplementbindungsreaktion
HHT = Hämagglutinations-Hemmungstest (Hirst-Test)
NT = Neutralisationstest
$\frac{RSW}{ASW}$ = Rachen-, Augenspülwasser
EM = Elektronenmikroskop
AK = Antikörper
RIA = Radio-Immun-Test
IEM = Immun-Elektronen-Mikroskopie
IF = Immun-Fluorescenz

Impfplan für Kinder

Lebensalter	Impfungen gegen	Personenkreis
1. Lebenswoche	Tuberkulose	Neugeborene bei erhöhter Tuberkuloseansteckungsgefahr
ab 3. Lebensmonat	Diphtherie-Tetanus 2 × im Abstand von 4–8 Wochen *oder*	Säuglinge und Kleinkinder
	Diphtherie-Pertussis-Tetanus 3 × im Abstand von 4–6 Wochen (Beginn nicht nach vollendetem 1. Lebensjahr)	Säuglinge in Gemeinschaftseinrichtungen oder ungünstigen sozialen Verhältnissen oder bei denen der Keuchhusten eine besondere Gefährdung bedeutet
	Poliomyelitis 2 × trivalente Schluckimpfung im Abstand von mindestens 6–8 Wochen, ggf. in Kombination mit der 1. und 2. DT-Impfung *oder* mit der 1. und 3. DPT-Impfung *oder* Teilnahme an Impfaktionen der Gesundheitsämter im folgenden Winter (November/Januar)	Säuglinge und Kleinkinder
2. Lebensjahr	Masern (Lebendimpfstoff) 1 Jahr Abstand zu ggf. vorher verabreichtem Masernspaltimpfstoff Mumps ggf. Masern-Mumps-Kombination Poliomyelitis 3. trivalente Schluckimpfung Diphtherie-Tetanus (Auffrischung) *oder* Diphtherie-Pertussis-Tetanus (Auffrischung)	Kleinkinder und Kinder
6./7. Lebensjahr	Nachhol-Impfungen (bisher versäumte Impfungen außer gegen Pertussis) Diphtherie (Auffrischung)	alle Kinder
10. Lebensjahr	Poliomyelitis (Auffrischung) Tetanus (Auffrischung)	alle Kinder
12. Lebensjahr	Pocken (gesetzliche Wiederimpfung)	bereits früher gegen Pocken erfolgreich geimpfte Kinder
11.–14. Lebensjahr	Röteln	Mädchen vor der Geschlechtsreife

Lehrbücher und Monographien

1. Andrewes, C., Pereira, H. G.: Viruses of Vertebrates, London: Bailliere Tindall. Third Ed. 1972.
2. Carter, W. A.: Selective Inhibitors of Viral Functions. The Chemical Rubber Comp. Press 1973.
3. Davis, B. D., Dulbecco, R., Eisen, H. N., Ginsberg, H. S., Wood, W. B.: Microbiology. New York, Evanston, London: Hoeber, Medical Division, Harper and Row Publ., 2nd Ed. 1973.
4. Debré, R., Celers, J.: Clinical Virology, Philadelphia, London, Toronto: W. B. Saunders Comp. 1970.
5. Fenner, F.: Classification and Nomenclature of Viruses, Intervirology 7, 1–115 (1976).
6. Fenner, F., White, D. O.: Medical Virology. New York/London: Academic Press Second Edition 1976.
7. Fenner, F., Mc Auslan, B. R., Mims, C. A., Sambrook, J., White, D. O.: The Biology of Animal Viruses. Second Ed. New York/London Acad. Press 1974.
8. Goodheart, C. R.: An Introduction to Virology, Philadelphia, London, Toronto: W. B. Saunders Comp. 1969.
9. Grist, N. R., Ross, Constance A. C., Bell, Eleanor J., Stott, E. J.: Diagnostische Methoden in der klinischen Virologie. Stuttgart: Gg. Thieme-Verlag 1969.
10. Grumbach, A., Kikuth, W.: Die Infektionskrankheiten des Menschen und ihre Erreger. Hrsg. A. Grumbach, O. Bonin. Stuttgart: Gg. Thieme-Verlag 1969.
11. Haas, R., Vivell, O.: Virus- und Rickettsieninfektionen des Menschen. München: J. F. Lehmanns Verlag 1965.
12. Herrlich, A.: Die Pocken. Stuttgart: Gg. Thieme-Verlag. 2. Aufl. 1967.
13. Horsfall, F. L.,jr., Tamm, I.: Viral and Rickettsial Infections of Man. London: Pitman Medical Publ. Co., Ltd., and Philadelphia: J. B. Lippincott Comp. 1965.
14. Hotchin, J.: Persistent and Slow Virus Infections. Basel, München, Paris, London, New York, Sydney: S. Karger 1971.
15. Jawetz, E., Melnick, J. L., Adelberg, E. A.: Medizinische Mikrobiologie. Berlin, Heidelberg, New York: Springer-Verlag, 4. Aufl. 1977.
16. Kaplan, A. S.: The Herpesviruses. New York, London: Academic Press 1973.
17. Kilbourne, E. D.: The Influenza Viruses and Influenza. New York, San Franzisko, London: Academic Press 1975.
18. Knight, V.: Viral and Mycoplasmal Infections of the Respiratory Tract. Philadelphia: Lea & Febiger 1973.
19. Krech, U. H., Jung, M., Jung, F.: Cytomegalie-Virus Infections of Man. Basel, München, Paris, London, New York, Sydney: S. Karger 1971.
20. Luria, S. E., Darnell, J. E.: General Virology. New York, Sydney: John Wiley and Sons. Sd. Ed. 1967.
21. Tooze, J.: The Molecular Biology of Tumor Viruses. Cold Spring Harbour Laboratory 1973.
22. Zewman, W., Lennette, E. H., Brunson, J. G.: Slow Virus Diseases. Baltimore: The Williams and Wilkins Comp. 1974.
23. Zuckerman, A. J.: Hepatitis-Ass. Antigen and Viruses. Amsterdam, London: North Holland Publ. Comp. 1975.

Sachverzeichnis

A-Partikel 41
Actinomycin, Einfluß auf die Virussynthese 17
—, Resistenz der RNA-Viren 16
Adamantanamin-Gruppe 77
Adeno-Viren 98
—, Struktur und Eigenschaften 98
—, Immunität 99
—, Impfung 100
—, onkogene Eigenschaften 40
—, typische Krankheitsbilder 99
Adenovirus-Infektion, Epidemiologie 100
—, Immunität 99
—, Krankheitsbilder 99
—, Labordiagnostik 100
Adenosin-Arabinosid 103
Adsorption 14, 15
—, Außenstrukturen des Virus 19/20
—, erfolglose 21
—, Receptoren der Wirtszelle 20
Aedes aegypti 69
Ätherspaltung des Influenzavirus 74
Alastrim 117
Antigene, Interspecies 42
—, Nachweis in der Zellkultur 51
—, species-spezifische 42
—, typenspezifische der C-Partikel 42
—, virusspezifische 35
Antigenwandel der Influenzaviren ("antigenic shift") 72, 76
— — —, antigenic drift 76
Antikörper, hämagglutinationshemmender 53, 55, 57
—, komplementbindender in der Virusdiagnostik 56
—, neutralisierender 55, 56
Antikörper, nicht-protektiver 74
—, protektiver 74
Arbo-Viren 68
Arena-Viren 96
attenuierter Stamm 13
Ausschleusung 18
Australia-Antigen 130
—, Nachweis 131

Autoinoculation bei Pockenimpfung 123
Autonomisierung integrierter Nucleinsäure 14
Autoradiographie 52

B-Partikel 39, 41, 43
B-Zellen 110
Bakteriophagen 9/10
Bedsonien 3
Bittnerscher Milchfaktor 43
Bornholmsche Erkrankung 65
Brom-Desoxyuridin, autonomisierende Wirkung auf Tumoren 37
"budding" 18
Burkitt-Tumor 41, 110

C-Partikel 39
—, Antigene 42
CAM-Plaques, Herpes-Virus 101
—, Pocken-Virus 114
—, Vaccinia-Virus 114
Capsid 3
Capsidsynthese 17
Capsomer 6
Chromosomenbrüche 23, 50
Co-Kultivierung 37
Coli-Phagen 9
"College-Krankheit" 109
Colorado-Fieber 69
Concanavalin A 31
Condyloma acuminata 40
Cornealtest 92
Corona-Viren 134
Coxsackie-Infektion, Diagnostik 66
—, Pathogenese 66
—, Symptomenkomplex 65
Coxsackie-Viren 65
—, Epidemiologie 66
—, Untergliederung 65
—, Zielorgane 66
—, Züchtung 65
Cycloheximid 18
Cystitis, hämorrhagische 99
Cytomegalie 107/108
—, Infektionsquelle 108

Cytomegalie, Klinik 107/108
—, Labordiagnostik 108
—, Pathologie 107/108
Cytomegalie-Virus 107
—, Eigenschaften 107
cytopathischer Effekt 22/23, 50
Cytosin-Arabinosid 103

D-17-Stamm 70
Dakar-Stamm 70
Dengue-Fieber 69
Dermovakzine 121
Diagnostik von Viruskrankheiten 54
DNA-Synthese 52
DNA-Viren, Gliederung 9
—, onkogene, Übersicht 39
Drehkrankheit der Schafe 69

ECHO-Viren 58, 66
Effekt, cytopathischer 22, 50
Einheit, infektiöse 54
Einschlußkörperchen 22, 50
Einstufenvermehrungsversuch 14
Einteilung der Viren 7
Eintreffer-Effekt 4
Eiweißfällungsverfahren 47
Ekcema herpeticum 102
Ekcema vaccinatum 123
Eklipse 14
Elektronenmikroskop, Bedeutung für die Virologie 47
Elektrophorese 47
Elementarkörperchen 23
Elternvirus 14
Embryonal-Antigene 31
Embryopathie 87, 108
Encephalitis postvaccinalis (Pockenimpfung) 123
Encephalitis, russische 69
Endpunktmethode 54
„enhancing effect" bei der Tumorabwehr 38
„Entdifferenzierung" 49
Enteroviren 58
Envelope 3
Enzyme, induktive 16
—, konstitutive 16
Epstein-Barr-Virus (EBV) 109
Erwachsenenherpes 101
Exanthem, Coxsackie-Infektion 65
—, Masern 82
—, Röteln 86
—, Varicellen 106
Exocytose 18

Färbung, fluorescenzserologische 51
Feiung s. „stille Feiung"

„filtrierbares Partikel" 1
FL-Zellen 50
Flury-Stamm 93
Frühkomplikationen bei Hepatitis 126
Frühphase des Vermehrungscyklus 17
Frühproteine 16
—, Synthese bei DNA- und RNA-Viren 16
Frühsommer-Encephalitis (Arbo-Viren) 69

Gastro-Enteritis 70, 71
Geflügelpest, atypische 81
Gelbfieber 69
Gel-Filtration 47
Gene des C-Partikels 42
Gen − sarc ⎫
− leu ⎪
− pol ⎬ 42
− env ⎪
− gag ⎭
Gingivo-Stomatitis herpetica 102
Guarnieri'sche Einschlußkörperchen 115
Gürtelrose 105, 106

Hämadsorption, direkte 51
—, indirekte (Immunadhärenz) 51
Hämagglutination 51
—, Myxoviren 52
—, Rötelnvirus 52
Hämagglutinations-Hemmungstest, Prinzip und Ausführung 53
—, klinische Bedeutung 57
Hämagglutinin 74
Haemophilus influenzae 73
„Hand, foot and mouth disease" (Coxsackie-Infektion) 66
Hanganatziu-Deicher-Reaktion 110
HB-Antigen 130
Hecht'sche Riesenzellpneumonie 83
HeLa-Zellen 50
Helfervirus 14, 37
Helicale Symmetrie 6
Hempt-Impfstoff 93
Henle-Test 110
Hepatitis s. auch Virushepatitis 125
—, chronisch-aktiv 126
—, chronisch-persistierend 126
—, Immunität 127
—, infectiosa sive epidemica 127
Hepatitis A 126/127
Hepatitis B 126/127, 129
—, Epidemiologie und Verlauf 133
—, Häufigkeit 133
—, Prophylaxe (allgemein) 134
—, Prophylaxe bei Transfusion 134
Hepatitisviren 127
Herpangina (Coxsackie-Infektion) 65
Herpes facialis 103

Herpes genitalis 103
— labialis 103
— simplex 103
Herpes-B-Virus 108
Herpes-Infektion, Exacerbation 103
—, klinisches Bild der Primärerkrankungen 102
Herpes-Keratitis 103
Herpes-Meningitis 102
Herpes-Meningoencephalitis 102
Herpes-Paradoxon, immunologisches 104
Herpessepsis der Neugeborenen 103
Herpes-Viren 100
Herpes-Virus, onkogene Eigenschaften 41
Herpesvirus hominis 101
— —, Epidemiologie 104
— —, „Genitaltyp" 101
— —, klinische Differentialdiagnose 104
— —, Labordiagnostik 104
Herpesvirus hominis, „Oraltyp" 101
— —, Primärinfektion, klinisches Bild 102
— —, Prophylaxe 104
— —, Struktur und Systematik 100
— —, Züchtung 101
Hexone 98
Hirst-Test 57, 78
Histokompatibilitäts-Antigen 136
Hühnerei, bebrütetes 48
Hühnerleukämie-Virus 42
Hülle ("envelope") 3, 5
„hybrides" Virus 12
Hybridisierung durch Co-Kultur 37

ID_{50} 26
ID_{50} (Endpunktmethode) 54
Identifizierung, serologische, gezüchteter Viren 52
Ikosaeder 5, 98, 100
Immunadhärenz 51
Immun-Elektronenmikroskopie 128
„Immunkomplex-Nephritis" (LCM) 98
Immuntoleranz 25
Impfstamm (attenuierter Stamm) 13
Impfstoffpolio 63
Impfstoffprüfung, serologische 57
Induktion 37
infektiöse Einheit 54
Infektion, horizontale 43
—, klinisch apparente (akute) 24
—, klinisch inapparente („stumme") 24
—, latente 25
— —, bei Adenoviren 25
—, occulte 25
—, onkogene 25
—, subklinische 24, 25
—, vertikale 43
Infektionsausbreitung in der Zellkultur 54

Infektionsherd, sekundärer, in der Zellkultur 54
Infektionskrankheit, cyclische 24
Infektionstüchtigkeit während der Virussynthese 15
Infektionsverlauf 24
Infektionsversuch in der Zellkultur 49
Infektkette, aberrierende (Tollwut) 94
Influenza, Bekämpfung 76
—, Endemien 75
—, Epidemiologie der A-Influenza 79, 75
—, Klinik 73
—, Labordiagnostik 78, 80
Influenza, Pandemien 75
—, Pathogenese 73
—, Schutzimpfung 77
Influenzavirus 72, 73
—, Ätherspaltung 74
—, Antigene 74, 75
—, Antigenwandel 76
—, Antikörperinduktion 74
—, Immunität 75
—, Lokalisation der Aktivitäten 74
—, Struktur 73
—, Subtypenbestimmung 75
—, Typen und Subtypen 75
—, Typenbestimmung 75
Integration der Virus-Nucleinsäure 2
Interferenz, Definition 27
—, experimenteller Nachweis 28
Interferon 29
Interspecies – Antigen der C-Partikel 42
Isolierpflicht bei Pockeninfektion 119

Jacob-Creutzfeld-Krankheit 135
Jenner 121
5-Jod-2-desoxy-Uridin 103

Kaninchen-Fibrom-Virus 39
Kaninchen-Myxom-Virus 39
Kataster, serologischer 56
KB-Zellen 50
Kerato-Konjunktivitis, epidemische, bei Adenovirus-Infektion 99
—, primäre, bei Herpes-Infektion 102
„Kinderherpes" 109
"kissing disease" 109
Kittsubstanz (Influenzavirus) 74
Komplementation 13
Komplementbindungsreaktion, klinische, in der Virusdiagnostik 56
Kontakthemmung 31
Kontaktpersonen bei Pockeninfektion 119
Kontrastierung von Viruspartikeln 47
Konversionsrate 57
Koplikske Flecken 82
Kuhpockenvirus, originäres 113
Kuru 135, 136

Laboratoriumsdiagnostik von
  Viruskrankheiten 54
Labormethoden der Virologie 46
Larynx-Papillome 40
Lassa-Virus 96
LCM 96
LD_{50} (Endpunktmethode) 54
Lebendimpfstoff, Herstellungsprinzip 27
—, Risiken 27
Lebendimpfung, Gelbfieber 70
—, Masern 85
—, Polio 63
—, Röteln 88
Leberatrophie, „akute gelbe" 126
Leberbeteiligung bei bestimmten
  Infektionskrankheiten 125
Leukoencephalopathie, progressive
  multifokale (PML) 135, 136
Louping ill 69
LS-Antigen (Pockenvirus) 113
Lymphozytäre Choriomeningitis (LCM) 96
Lymphozyten, B-Zellen 110
Lymphozyten, T-Zellen 109

"major reaction" (Pockenimpfung) 123, 124
Marburg-Virus 89
Mareksche Geflügellähme 41
Marker 13
Masern, Bekämpfung 84
—, Diagnostik 83
—, Epidemiologie 83
—, Immunisierung 84, 85
—, Immunität 84
—, Klinik 82
—, Komplikationen 83
—, Pathogenese 82
Masernencephalitis 83
Masernexanthem 82
Masernvirus 82
Maul- und Klauenseuche (MKS) 67
Membranreceptoren, demaskierte 31
Meningitis, abakterielle (Coxsackie-Infektion)
  65
Meningitis, aseptische (Polio) 61
Meningo-Encephalitis herpetica, primäre 103
Methoden, konventionelle der Serologie 52
—, spezielle der Virusserologie 52
"minor illness" (Polio) 61
"minor reaction" (Pockenimpfung) 123, 124
Mitomycin D 37
MKS-Virus 67
Molluscum contagiosum 39
„mononucleäre Zellen" 109
Mononucleose, infektiöse 109
Montage 18
Montage-Orte 18
Multiple Sklerose (MS) 136

Mumps 72, 81
Mumpsvirus 80
Mutanten, artefiziell erzeugte 12
—, spontane 12
Mutation 13
Myalgie, epidemische (Coxsackie-Infektion)
  65
Myelo-Optico-Neuropathie, subakute
  (SMON) 135
Myocarditis (Coxsackie-Infektion) 65
Myxoviren 71

Negri-Körperchen 91, 92
Neuraminidase 52
Neuroradiculitis, exanthematische (Zoster)
  106
Neutralisationstest 53
Neutralisierbarkeit von Viren durch
  Antikörper 12, 15
Newcastle-Virus 81
Nucleinsäure, Funktion 3
—, Autonomisierung 13
—, Informationsgehalt und Molekulargewicht
  12
—, Infektionstüchtigkeit 11, 15
—, integrierte 13
—, „nackte" 11, 15, 17
—, Typ der Virusnucleinsäure 7
—, Wirtsspezifität 7
Nucleinsäure-Hybridisierung 37
Nucleinsäure, Spreitung 47
Nucleocapsid 4

Oncorna-Viren, Aufbau 41
—, Besonderheiten der Autoreduplikation 35
—, Übersicht 39
Onkogen 44
Onkogen-Theorie 44
Onkogenese, virale 43
Organotropismus 20
Ortho-Myxoviren 7, 72

Panencephalitis, subakute sklerosierende
  (SSPE) 135, 136
Papillom-Virus 40
Papova-Viren, Aufbau 9
—, Übersicht 40
Pappataci-Fieber 69
Para-Influenza-Viren 72, 79
Paramyxo-Viren, Aufbau 7
—, Übersicht 72
Partikel, inkomplettes 4
—, komplettes 4
—, unreifes, Nachweis in der Zelle 4
Partikelzählung 54
Parvo-Viren, Aufbau 9
Paschen'sche Elementarkörperchen 115

Pathogenität, Begriffsdefinition in der Virologie 26
—, Maß für 26
—, stamm- und typgebundene Unterschiede 26
—, Veränderung durch Passagen, Prinzip 26
—, Voraussetzungen 19
Paul-Bunnell-Test 110
Paulscher Versuch 114
Penetration 15
—, erfolglose 21
"Pentone" (Adenoviren) 98
"Persisters" 53
Pfeiffer'sche Influenza-Bakterien 73
Pfeiffer'sches Drüsenfieber 109
Pferde-Encephalitis 69
Phagen 9, 10, 11
Pharyngo-Konjunktival-Fieber (Adenoviren) 99
"Pick-up-Viren" 63
Picorna-Viren 58
Pinocytose 15
Plaques 54
"plaque-forming-unit" (PFU) 54
Plaque-Methode 54
Pleurodynie 65
Pocken 111
Pockenalarm 120
Pockenimpfung 121
Pockenimpfung, Immunität 124
—, Impferfolgskriterien 123, 124
—, Impfreaktion 123, 124
—, Impfstoff 121
—, Kontraindikationen 122
—, Schutzdauer 122
—, Technik 122
—, Wiederholungsimpfung (Zweitimpfung) 124
Pockeninfektion, Efflorescenzen 115
—, Epidemiologie 119
—, Immunität 124
—, Infektionsquellen (Virusreservoir) 119
—, Klinik 115
—, Labordiagnostik 117
—, Nachweismethoden 118
—, Pathogenese 115
—, Prognose 116
—, Verdacht (Kriterien) 120
—, Verhalten bei Verdacht und Diagnose 120
Pockenviren 112
—, Antigene 113
—, Aufbau 113
—, Resistenz 119
—, Systematik 112
—, Vermehrungsmodus 114
—, Virusreservoir 119
—, Züchtung 114

Polio-Impfungen 62, 63
Poliomyelitis 59
—, Epidemiologie 60
—, Immunität 62
—, Labordiagnostik 62
—, Stadien des Krankheitsverlaufs 60, 61
—, Verlaufsformen 59
Polio-Virus 59
—, Ansiedlung und Ausbreitung im Organismus 60
—, Organotropismus 61
Polymerase 16
Polyoma-Virus 40
Polysom 17
Primärschaden 21
Prophage 14, 36
Proteinsynthese, Beeinflussung und Hemmung 18
Protovirus-Hypothese 44
Provirus 34
—, Autonomisierung (Induktion) 36
—, Theorie 44
PTI-Maus 97
Puromycin 18
Purpura variolosa 116

Radio-Immun-Test 128
R. D. E. 52
"receptor destroying enzyme" (R. D. E.) 52
Receptoren 14, 51, 74
Reduplikation der Virusnukleinsäure 16
Reinigungsmethoden, virologische 46
Rekombination, genetische 13
Reo-Viren 70
—, Aufbau 8
Replikase 17
Repression 35
—, selektive 22
Respiratory Syncytial Virus (RS-Virus) 72
Reye-Syndrom 136
Rhabdo-Viren 89
—, Aufbau 8
Rhino-Viren 67
Rickettsien 3
Riesenzellbildung 22
RNA, (+) und (−)-Strang 16
RNA-Synthese, Nachweis durch Autoradiographie 52
RNA-Tumorviren, Einbau in das Zellgenom 35
RNA-Viren, Besonderheiten der Virus-RNA 17, 18
—, Gliederung 7
—, onkogene, Übersicht 39
Röteln, anamnestischer Antikörpernachweis 89
—, Diagnostik 89

Röteln, Epidemiologie 87
—, Immunität 88
—, Impfung 88
Röteln, Klinik 86
—, Pathogenese 86
—, Verlaufsformen 87
Rötelnembryopathie 87
Rötelnexanthem 86
Rötelnvirus 86
Rosettenbildung (Hämadsorption) 51
Rota-Viren 8, 70, 71
Rotationssymmetrie 6
Rous-Sarkom-Virus 42
RS-Virus (Respiratory Syncytial Virus) 72

S-Antigen (Influenzavirus) 74
"soluble Antigen"
Sabinsche Lebendimpfung 63
Salk-Impfung 62
Schluckimpfung (Polio) 63
Schmincke-Tumor 109, 110
Schreckblase 103
Schutzimpfung, Adenoviren 100
—, Gelbfieber 70
—, Masern 84
—, Pocken 121
—, Röteln 88
—, Tollwut 93, 94
„schwarze Blattern" 116
Sekundärschaden 21
Selektivqualitäten des Virus 20
Serologie, klinische, der Viruskrankheiten 55
Serumhepatitis (Transfusionshepatitis) 126, 127
Simian-Virus (SV-40) 39
Situation, onkogene 32
Slow-virus-diseases 25, 135
Sommergrippe (Coxsackie-Infektion) 65
Spätkomplikationen bei Hepatitis 126
Spektrum, onkogenes 33
Spikes 74
Spreitung s. Nucleinsäure
„stille Feiung" 24
Strang (+) und (−), RNA 16
Straßenvirus (Tollwut) 90
Strukturelemente des Viruspartikels 3
Strukturprototypen der DNA-Viren 9
—, der RNA-Viren 7
SV-40-Virus 39, 40
Symmetrie, Begriffsdefinition, Grundformen 6
Synthese des Capsidmaterials 17
Synthesecyklus (Virusmehrung) 14
Systematik der Viren 7

Tabak-Mosaik-Virus (TMV) 4, 6, 7, 11
Thymidinkinase 16

Tochtervirus 14
Toga-Viren 86
Tollwut, Bekämpfung 95
—, Epidemiologie 94
—, Exponierten-Schutz 93
—, Inkubationszeit 91
—, Klinik 91
—, klinisches Bild im Tier 91
—, Labordiagnostik 92
—, Meldepflicht 95
—, Pathogenese 90
—, Pathologie 90
Tollwut-Impfung 93
Tollwut-Virus 89
Transcriptase, reverse 44, 45
Transformation, abortive 33
—, Begriffsdefinition 32
—, experimentelle 32
—, Mechanismen 32
—, molekularbiologische Details 36
—, morphologische 30
Transformationserfolg, Kriterien 33
Transformationsgen 44
"translation inhibiting protein" (TIP) 29
"tumor surveillance system" 38, 46
Tumor-Antigen, intrazelluläres 31
—, transplantations-aktives 31
Tumorbildung, hormonale Bereitschaft 30
Tumorerzeugung durch Viren 30
Tumorviren, humanpathologische Bedeutung 38
—, Übersicht 39
Tumorzelle, Eigenschaften und Merkmale 30, 31
—, nicht-permissive 33
—, permissive 33
Tween 80 6
T-Zellen 25, 109
Übertragung, horizontale 43
—, vertikale 43
Ultrazentrifugierung 46
uncoating 16

Vaccinia inoculata 124
Vacciniavirus 112
Varicellen-Exanthem 105
Varicelleninfektion, Diagnostik 106
—, Epidemiologie 107
—, Immunität 106
—, klinisches Bild 105
—, Komplikationen 106
—, Pathogenese 105
Variola confluens 116
— discreta 116
— fulminans 116
— haemorrhagica 116
Variolois 116

151

Vektoren (Arboviren) 69
Verlaufsformen von Viruskrankheiten,
 prozentuale Verteilung 26
Vermehrungscyklus 14
—, frühe und mittlere Phase 17
—, cytozider bzw. nicht-cytozider 21
Virion 4
Virogen 44
Viroide 3
Virus, attenuiertes als Lebendimpfstoff 27
Virus fixe (Tollwut) 90
Virus, hybrides 12
—, komplex symmetrisches 9
—, onkogenes 30
Virus-Wirt-Beziehung 24
Virusaufbau 1
Virusbegriff 1
Virusdiagnostik, „große" 55
—, „kleine" 55
—, klinische 54
Virusgenom und Zellgenom 21, 22
Virusgröße 2
Virushepatitis 125
—, Begriffsdefinition 125
—, Häufigkeit 125
—, klinische Verlaufsformen 125
—, Pathologie 126
—, Spätkomplikationen 126
Virusinduktion 36
Virusinfektion, Verlaufsformen 24
Viruskrankheiten, Labordiagnostik 54
Virusmutante, artefiziell erzeugte 12
Virusmutation 13
Virusneutralisation 56
Virusserologie, klinische 55
Virussynthese 16
Virusvermehrung, Stadien der 14
Viruszüchtung 48

Viruszüchtung, Identifizierung gezüchteter
 Viren 52
Vulvo-Vaginitis herpetica 102

Warthin-Finkeldey'sche Riesenzellen 82
Wildform 13
Windpocken 105
Wirtsspektrum 19
Wirtsspezifität 19
—, molekulare Basis 19
Wirtsorganismus, Schäden durch
 Virusinfektion 24
Wirtszelle, Leistung bei der Virusvermehrung
 1, 2
—, Verhalten gegenüber Tumorviren 33
—, und Virusproduktion 24

Yaba-Pocken-Virus 39

Zählmethoden (Partikelzählung) 54
Zellabkugelung 22, 50
Zellgenom 21
Zellkultur 49
—, Beurteilungskriterien 50
—, permanente 49
—, primäre 49
Zell-Linien 50
Zellparasitismus 1
Zellschädigung 21
Zellulose-Chromatographie von Viren 47
Zentraleuropäische Zeckenencephalitis 69, 70
Zerlegung, experimentelle 6
Zoster 105, 106
Züchtungsmethoden der Virologie 48
Zytomegalie s. Cytomegalie
Zytomegalie-Virus s. Cytomegalie-Virus
zytopathischer Effekt 22, 50
 s. bei cytopathischer Effekt

Titel des Lehrbuches: **Heidelberger Taschenbücher, Band 178**
Medizinische Mikrobiologie I
D. Falke: Virologie, 2. Auflage

Was können wir bei der nächsten Auflage besser machen?

Zur inhaltlichen und formalen Verbesserung unserer Lehrbücher bitten wir um Ihre Mithilfe. Wir würden uns deshalb freuen, wenn Sie uns die nachstehenden Fragen beantworten könnten.

1. Finden Sie ein Kapitel besonders gut dargestellt? Wenn ja, welches und warum?..................

2. Welches Kapitel hat Ihnen am wenigsten gefallen. Warum?..........

3. Bringen Sie bitte dort ein X an, wo Sie es für angebracht halten.

	Vorteilhaft	Angemessen	Nicht angemessen
Preis des Buches			
Umfang			
Aufmachung			
Abbildungen			
Tabellen und Schemata			
Register			

	Sehr wenige	Wenige	Viele	Sehr viele
Druckfehler				
Sachfehler				

4. Spezielle Vorschläge zur Verbesserung dieses Textes (u. a. auch zur Vermeidung von Druck- und Sachfehlern) ....

bitte wenden!

5. Bitte teilen Sie uns mit, auf welchen Fachgebieten Ihrer Meinung nach moderne Lehrbücher fehlen. Dazu folgende kurze Charakterisierung unserer eigenen Werke:

Fragensammlungen = Examensfragen zur Vorbereitung auf Prüfungen
Basistexte = vermitteln nach der neuen Approbationsordnung das für das Examen wichtige Stoffgebiet
Kurzlehrbücher = zur Vertiefung des Basiswissens gedacht; für den sorgfältigen Studenten
Lehrbücher = Umfassende Darstellungen eines Fachgebietes; zum Nachschlagen spezieller Informationen

Fachgebiet	Fragen-sammlungen	Basistexte	Kurz-lehrbücher	Lehrbücher
....	....	....	....	....
....	....	....	....	....
....	....	....	....	....
....	....	....	....	....
....	....	....	....	....
....	....	....	....	....
....	....	....	....	....
....	....	....	....	....
....	....	....	....	....

Bei Rücksendung werden Sie automatisch in unsere Adressenliste aufgenommen.
Name ....
Adresse ....
....
Fachstudium ....
Semester ....
Ärztliche Vorprüfung ....
Datum / Unterschrift ....

Wir danken Ihnen für die Beantwortung der Fragen und bitten um Einsendung des Blattes an:

Frau Marianne Kalow
Springer-Verlag
Neuenheimer Landstraße 28
6900 Heidelberg 1

SPRINGER LEHRBÜCHER

Eine Auswahl

Für den ersten Abschnitt der ärztlichen Prüfung

F.W. AHNEFELD
Sekunden entscheiden – Lebensrettende Sofortmaßnahmen
1967 (HT 32). DM 12,80
ISBN 3-540-03873-6

Allgemeine Pathologie
Nach der Vorlesung von W. Doerr.
Von U. Bleyl, G. Döhnert,
W.-W. Höpker, W. Hofmann. 2. Aufl.
1976 (HT 163*). DM 19,80
ISBN 3-540-07633-6
Basistext

F. ANSCHÜTZ
Die körperliche Untersuchung
2. Aufl. 1975 (HT 94). DM 16,80
ISBN 3-540-06007-3
Basistext

Biomathematik für Mediziner
Hrsg. Kollegium Biomathematik
2. Aufl. 1976 (HT 164*). DM 16,80
ISBN 3-540-07742-1
Basistext

A.A. BÜHLMANN, E.R. FROESCH
Pathophysiologie
3. Aufl. 1976 (HT 101). DM 19,80
ISBN 3-540-07724-3
Basistext

R.C. CURRAN
Farbatlas der Histopathologie
3. Aufl. 1975. Gebunden DM 64,–
ISBN 3-540-07191-1

R.C. CURRAN, E.L. JONES
Farbatlas der makroskopischen Pathologie
1976. DM 78,–
ISBN 3-540-07643-3

E. FISCHER-HOMBERGER
Geschichte der Medizin
1975 (HT 165). DM 19,80
ISBN 3-540-07225-X
Basistext

R.E. FROELICH, F.M. BISHOP
Die Gesprächsführung des Arztes
1973 (HT 128). DM 19,80
ISBN 3-540-06243-2

W. FUHRMANN, F. VOGEL
Genetische Familienberatung
2. Aufl. 1975 (HT 42). DM 19,80
ISBN 3-540-07486-4

F. GROSSE-BROCKHOFF
Pathologische Physiologie
2. Aufl. 1969. Gebunden DM 96,–
ISBN 3-540-04494-9

E. JAWETZ, J.L. MELNICK
E.A. ADELBERG
Medizinische Mikrobiologie
4. Aufl. 1977. DM 58,–
ISBN 3-540-08162-3

Kursus: Radiologie und Strahlenschutz
Redaktion: J. Becker, H.M. Kuhn, W. Wenz, E. Willich
2. Aufl. 1976 (HT 112). DM 19,80
ISBN 3-540-07648-4
Basistext

Lehrbuch der Allgemeinen Pathologie und der Pathologischen Anatomie
Hrsg. M. Eder, P. Gedigk
Korrigierter Neudruck der 29. Aufl. 1975
Gebunden DM 96,–
ISBN 3-540-07421-X

F.H. MEYERS, E. JAWETZ, A. GOLDFIEN
Lehrbuch der Pharmakologie
1975. DM 68,–
ISBN 3-540-07356-6

L. S. PENROSE
Einführung in die Humangenetik
2. Aufl. 1973 (HT 4). DM 16,80
ISBN 3-540-06283-1

G. PIEKARSKI
Medizinische Parasitologie
Korr. Nachdruck der 2. Aufl. 1975.
DM 48,-
ISBN 3-540-05994-6

Radiologie
Redaktion: W. Wenz, G. Daikeler
Hrsg. Zentrum Radiologie
1976 (HT 176*). DM 14,80
ISBN 3-540-07529-1
Basistext

W. RICK
Klinische Chemie und Mikroskopie
5. Aufl. 1977. DM 24,80
ISBN 3-540-08219-0

G. H. VALENTINE
Die Chromosomenstörungen
1968 (HT 45). DM 16,80
ISBN 3-540-04188-5

F. VOGEL
Lehrbuch der allgemeinen Humangenetik
1961. Gebunden DM 118,-
ISBN 3-540-02768-8

H.-H. WELLHÖNER
**Allgemeine und systematische
Pharmakologie und Toxikologie**
2. Aufl. 1976 (HT 169*). DM 24,80
ISBN 3-540-07826-6
Basistext

K. ZUM WINKEL
Nuklearmedizin
1975 (HT 167). DM 24,80
ISBN 3-540-07233-0

**Examens-Fragen
Biomathematik**
Hrsg. von A. Heinecke, E. Hultsch,
R. Repges, F. Wingert
1975. DM 18,-
ISBN 3-540-07198-9

**Examens-Fragen
Pathologie**
Hrsg. von K. Heilmann und
G. Döhnert
2. Aufl. 1976. DM 16,-
ISBN 3-540-07746-4

**Examens-Fragen
Pharmakologie und Toxikologie**
Hrsg. von H. Bader
2. Aufl. 1976. DM 19,80
ISBN 3-540-07906-8

HT = Heidelberger Taschenbücher
* = Begleittext zum Gegenstandskatalog
Preisänderungen vorbehalten

Springer-Verlag
Berlin
Heidelberg
New York

MIX
Papier aus verantwortungsvollen Quellen
Paper from responsible sources
FSC® C105338

If you have any concerns about our products,
you can contact us on
ProductSafety@springernature.com

In case Publisher is established outside the EU,
the EU authorized representative is:
**Springer Nature Customer Service Center GmbH
Europaplatz 3, 69115 Heidelberg, Germany**

Printed by Libri Plureos GmbH
in Hamburg, Germany